Mit freundlicher Empfehlung der

ISH Himmel & Partner GmbH
Breitenbacher Str. 5
5912 Hilchenbach

Fachberichte
Messen · Steuern · Regeln
Herausgegeben von M. Syrbe und M. Thoma

23

Jörg Himmel

Energieeinsparung bei der magnetisch-induktiven Durchflußmessung

Springer-Verlag
Berlin Heidelberg NewYork London
Paris Tokyo HongKong Barcelona 1990

Dipl.-Ing. Jörg Himmel
ISH Himmel und Partner GmbH
Breitenbacher Straße 5
5912 Hilchenbach

Originaltitel der Dissertation:
Ein Beitrag zur Energieeinsparung bei der magnetisch-induktiven Durchflußmessung

CIP-Titelaufnahme der Deutschen Bibliothek
Himmel, Jörg:
Energieeinsparung bei der magnetisch-induktiven Durchflußmessung / Jörg Himmel.
Berlin ; Heidelberg ; NewYork ; London ; Paris ; Tokyo ; Hong Kong : Springer, 1990
(Fachberichte Messen, Steuern, Regeln ; 23)
ISBN-13: 978-3-540-52620-9 **e-ISBN-13: 978-3-642-95620-1**
DOI: 10.1007/ 978-3-642-95620-1
NE: GT

2160/3020-543210 - Gedruckt auf säurefreiem Papier

Vorwort

Die vorliegende Arbeit entstand während meiner zweijährigen Tätigkeit als wissenschaftlicher Mitarbeiter der Fachgruppe Meßtechnik der Universität Gesamthochschule Siegen und meiner anschließenden dreijährigen Tätigkeit für die Fa. Krohne Meßtechnik GmbH & Co. KG in Duisburg.

An dieser Stelle bedanke ich mich bei Herrn Prof. Dr.-Ing. K. W. Bonfig für die Themenstellung, die gute wissenschaftliche Betreuung und die Übernahme des Referates, bei Herrn Prof. Dr.-Ing. W. Düchting für die Übernahme des Korreferates, bei Herrn Dipl.-Ing. R.v.d. Pol, dem Entwicklungsleiter der Fa. Krohne Meßtechnik GmbH & Co. KG, für die wertvollen Ratschläge im Bereich der Modellbildung und der Realisierung des Versuchsmusters sowie bei den Mitarbeitern der Fa. ISH Himmel & Partner GmbH in Hilchenbach für die Unterstützung bei der endgültigen Fertigstellung dieses Manuskriptes.

Hilchenbach, im Februar 1990

Inhaltsübersicht

1 Einleitung

Die magnetisch-induktive Durchflußmessung ist das einzige rein elektrische Verfahren zur Messung der mittleren Strömungsgeschwindigkeit von Fluiden in Rohrleitungen. Dieses Verfahren basiert auf dem Induktionsgesetz, das besagt, daß in einem senkrecht zu einem Magnetfeld bewegten Leiter eine Spannung erzeugt wird. Diese Spannung ist proportional zur Geschwindigkeit des bewegten Leiters. Sehr vorteilhaft wirkt sich bei Meßaufnehmern dieses Meßprinzips aus, daß der Rohrquerschnitt an der Meßstelle nicht eingeengt wird und das Meßsignal weitgehend unabhängig vom Strömungsprofil ist.

Der Gedanke zur magnetisch-induktiven Durchflußmessung resultiert aus den grundlegenden physikalischen Erkenntnissen in der Elektrizitätslehre, wie sie beispielsweise von Maxwell in " A Treatise on Electricity and Magnetism" formuliert wurden. Faraday führte 1882 die ersten Versuche zur induktiven Strömungsgeschwindigkeitsbestimmung der Themse mit Hilfe des Erdmagnetfeldes durch. Seine Versuche schlugen jedoch durch die an den Elektroden auftretenden elektrochemischen Störpotentiale fehl, die um einige Größenordnungen größer sind als die Nutzspannung. 1917 führten Smith und Slepian weitere Versuche durch, die aus den gleichen Gründen fehlschlugen. Erste Erfolge konnten Young, Gerrard und Jevons im Hafen von Dartmouth erzielen. Die Meßergebnisse waren jedoch auf Grund der elektrochemischen Störpotentiale nicht reproduzierbar. Erst 1930 gelang Williams durch Verwendung von Kupfersulfatlösung als Fluid in Verbindung mit Kupferelektroden der Nachweis des Meßeffektes. Bei diesem Versuchsaufbau konnten die elektrochemischen Störpotentiale sehr klein gehalten werden. Von Kolin wurde 1936 das Wechselfeld eingeführt und bis 1956 weiterentwickelt. Mit Hilfe der phasenselektiven Gleichrichtung konnte der störende Einfluß der elektrochemischen Potentiale beseitigt werden. Schommartz, Mittelmann, Cushing, Engl, Shercliff, Bonfig, Hentschel und andere untersuchten in den Jahren von 1952 bis 1975 mathematisch und praktisch die Anwendung induktiver Durchflußmeßgeräte. 1969 führte Bonfig zur Meßwerterzeugung das getastete Gleichfeld ein. Dieses Verfahren hat gegenüber dem Wechselfeld in Verbindung mit der phasenselektiven Gleichrichtung große Vorteile in Bezug auf die Nullpunkstabilität. Es wurde bis heute weiterentwickelt und hat sich auch gegenüber anderen Verfahren durchgesetzt. Nur für wenige Anwendungen, wie beispielsweise für den Einsatz in der Papierindustrie, werden heute noch Meßaufnehmer mit Wechselfeld hergestellt. Durch Einsatz des geschalteten Gleichfeldes werden heute Meßgenauigkeiten besser als 0,5% vom Meßwert erreicht.

Neue Anwendungsgebiete für die induktive Durchflußmeßtechnik eröffnen sich in der Wärmemengenmeßtechnik und in der Dosierungstechnik. Von ihren mechanischen Eigenschaften sind diese Meßgeräte für beide Anwendungsgebiete gut geeignet. Probleme ergeben sich jedoch aus dem relativ hohen elektrischen Leistungsbedarf und der verhältnismäßig niedrigen Meßrate. Beide Problemstellungen sind, wie in dieser Arbeit aufgezeigt wird, durch die Wahl eines geeigneten Spulenstromverlaufes eng miteinander verknüpft.

In dieser Arbeit werden in Abschnitt 5 mathematische Modelle für magnetisch-induktive Meßaufnehmer vorgestellt. Sie ermöglichen erstmals eine Beschreibung des gesamten Meßaufnehmers. Mit Hilfe dieser Modelle ist es gelungen eine völlig neue Meßwertverarbeitung und Störsignalkompensation zu realisieren, die sowohl eine Energieersparnis als auch eine Steigerung der Meßrate ermöglicht. Zur Meßsignalerzeugung werden Sinus- und e-Funktionsimpulse eingesetzt. Dazu waren umfangreiche Untersuchungen an Meßaufnehmern erforderlich, deren Ergebnisse in Abschnitt 3 mit den aus der Literatur bekannten Versuchsergebnissen zusammengefaßt sind.

In Abschnitt 5 wird außerdem ein in der Nachrichtenübertragungstheorie verwendetes Kriterium zur Bewertung magnetisch-induktiver Durchflußmeßgeräte diskutiert.

Um die in der vorliegenden Arbeit beschriebenen Untersuchungen durchführen zu können, war ein aufwendiger Versuchsaufbau erforderlich. Die wichtigsten Details sind in Abschnitt 8 beschrieben.

2 Die Meßsignalbildung

Als Einführung wird die Funktionsweise magnetisch-induktiver Meßaufnehmer zur Durchflußmessung kurz erläutert. Eine Herleitung des Meßeffektes erfolgt im nächsten Unterabschnitt.

In Bild 2.1 ist der prinzipielle Aufbau eines magnetisch-induktiven Meßaufnehmers zur Durchflußmessung dargestellt. Ein Rohrabschnitt wird senkrecht zur Rohrlängsrichtung von einem Magnetfeld der Induktion B durchdrungen. Das Magnetfeld erzeugen zwei zu einer Helmholtzspule verschaltete Teilspulen mit je N Windungen, die oberhalb und unterhalb des Rohrabschnittes angeordnet sind. In der Flüssigkeit entsteht nach dem Faradayschen Induktionsgesetz eine Potentialdifferenz, die als Spannung u_N an den Elektroden E_1 und E_2 abgegriffen werden kann und der mittleren Strömungsgeschwindigkeit $\bar{v}$ proportional ist.

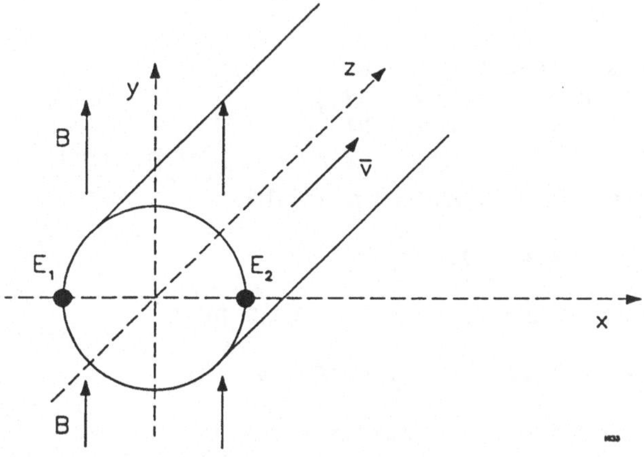

Bild 2.1: Prinzipieller Aufbau eines magnetisch-induktiven Meßaufnehmers zur Durchflußmessung

Die Nutzspannung u_N wird von den in Abschnitt 3 näher beschriebenen Störspannungen überlagert. Die Verbindungslinie der Elektroden steht sowohl senkrecht zur Strömungsgeschwindigkeit $\bar{v}$, als auch zu der die Spulenmittelpunkte verbindenden Linie.

In der in Abschnitt 2.1 bis 2.3 folgenden mathematischen Ableitung des Meßeffektes werden Vektoren als fettgedruckte Buchstaben gekennzeichnet. Die Ableitung bleibt entsprechend [21, 22, 23] auf das zeitlich unveränderliche Magnetfeld beschränkt, da diese Betrachtungsweise für die in dieser Arbeit durchgeführten Berechnungen ausreicht.

2.1 Die Aufstellung der Differentialgleichungen

Vorausgesetzt wird, daß die Flüssigkeit die Leitfähigkeit χ, die Dielektrizitätskonstante ε und die Permeabilitätskonstante μ des leeren Raumes hat. Die Geometrie des Meßwertaufnehmers entspricht der in Bild 2.1. Das Magnetfeld wird als zeitlich konstant angenommen. Vom ruhenden Beobachter aus gilt:

$$\left.\begin{aligned} &\text{rot}\ \mathbf{E} = 0, \qquad &&\text{div}\ \mathbf{B} = 0, \\ &\text{rot}\ \mathbf{H} = \mathbf{i}, \qquad &&\text{div}\ \mathbf{D} = \rho. \end{aligned}\right\} \tag{2.1.1}$$

$$\left.\begin{aligned} \mathbf{D} &= \varepsilon \cdot \mathbf{E} + (\varepsilon - \varepsilon_0) \cdot \mathbf{v} \times \mathbf{B}, \\ \mathbf{B} &= \mu_0 \cdot (\mathbf{H} - (\varepsilon - \varepsilon_0) \cdot \mathbf{v} \times \mathbf{E}), \\ \mathbf{i} &= \rho \cdot \mathbf{v} + \chi \cdot (\mathbf{E} + \mathbf{v} \times \mathbf{B}). \end{aligned}\right\} \tag{2.1.2}$$

Im Flüssigkeitsgefüllten Rohrabschnitt gilt:

$$\text{div}\ \mathbf{v} = 0. \tag{2.1.3}$$

Aus den Gleichungen 2.1.1, 2.1.2 und 2.1.3 folgt:

$$\begin{aligned} 0 = \text{div}\ \mathbf{i} &= \text{div}\ (\rho \cdot \mathbf{v}) + \chi \cdot \text{div}\ (\mathbf{E} + \mathbf{v} \times \mathbf{B}) \\ &= \mathbf{v} \cdot \text{grad}\ \rho + \chi \cdot \text{div}\ (\mathbf{E} + \mathbf{v} \times \mathbf{B}) \\ &= \text{v} \cdot \text{grad div}\ (\varepsilon \cdot \text{E} + (\varepsilon - \varepsilon_0) \cdot (\text{v} \times \text{B}) + \chi \cdot \text{div}(\text{E} + (\text{v} \times \text{B})) \\ &= \chi \cdot \Big[(\text{div E} + \frac{\varepsilon}{\sigma} \cdot \mathbf{v} \cdot \text{grad div}\ \mathbf{E}\ ) \\ &\qquad + (\text{div}\ (\text{v} \times \text{B}) + \frac{\varepsilon - \varepsilon_0}{\sigma} \cdot \mathbf{v} \cdot \text{grad div}\ (\mathbf{v} \times \mathbf{B})\Big]. \end{aligned} \tag{2.1.4}$$

Bei ausreichend großer Leitfähigkeit gilt:

$$\frac{\varepsilon}{\sigma} \cdot \mathbf{v} \cdot \text{grad div}\ \mathbf{E} \ll \text{div}\ \mathbf{E}$$

und somit

$$\text{div}\ (\mathbf{E} + \mathbf{v} \times \mathbf{B}) = 0 \tag{2.1.5}$$

Setzt man die Ergebnisse ein, erhält man:

$$\rho = \mathrm{div}\ \mathbf{D} = -\varepsilon_0 \cdot \mathrm{div}\ (\mathbf{v} \times \mathbf{B}) \tag{2.1.6}$$

$$i = -\ \mathbf{v} \cdot \varepsilon_0 \cdot \mathrm{div}\ (\mathbf{v} \times \mathbf{B}) + \chi \cdot (\mathbf{E} + \mathbf{v} \times \mathbf{B})$$

Bei ausreichend großer Leitfähigkeit gilt:

$$\mathbf{v} \cdot \varepsilon_0 \cdot \mathrm{div}\ (\mathbf{v} \times \mathbf{B}) \ll \chi \cdot (\mathbf{E} + \mathbf{v} \times \mathbf{B})$$

Es ergibt sich damit:

$$i = \chi \cdot (\mathbf{E} + \mathbf{v} \times \mathbf{B}) \tag{2.1.7}$$

Aus 2.1.1, 2.1.2 und 2.1.7 folgt:

$$\mathrm{rot}\ \frac{\mathbf{B}}{\mu_0} + (\varepsilon-\varepsilon_0) \cdot \mathrm{rot}\ (\mathbf{v} \times \mathbf{E}) = \chi \cdot (\mathbf{E} + \mathbf{v} \times \mathbf{B})$$

oder umgeformt:

$$\mathrm{rot}\ \frac{\mathbf{B}}{\mu_0 \cdot \chi} - (\mathbf{v} \times \mathbf{B}) = \mathbf{E} - \frac{\varepsilon-\varepsilon_0}{\chi}\ \mathrm{rot}\ (\mathbf{v} \times \mathbf{E}) \tag{2.1.8}$$

Bei ausreichend großer Leitfähigkeit ergibt sich Gl. 2.1.9:

$$\frac{1}{\mu_0} \cdot \mathrm{rot}\ \mathbf{B} - \chi \cdot (\mathbf{v} \times \mathbf{B}) = \chi \cdot \mathbf{E} \tag{2.1.9}$$

Aus Gl. 2.1.1:

$$\mathbf{E} = -\ \mathrm{grad}\ V \tag{2.1.10}$$

$$\mathbf{B} = \mathrm{rot}\ \mathbf{A} \tag{2.1.11}$$

A bezeichnet das Vektorpotential. Eingesetzt in 2.1.5 und 2.1.9:

$$\Delta\ V = \mathrm{div}\ (\mathbf{v} \times \mathrm{rot}\ \mathbf{A}) \tag{2.1.12}$$

$$\frac{1}{\mu_0} \cdot \mathrm{rot}\ \mathrm{rot}\ \mathbf{A} - \chi \cdot (\mathbf{v} \times \mathrm{rot}\ \mathbf{A}) = -\ \chi \cdot \mathrm{grad}\ V \tag{2.1.13}$$

Dieses gekoppelte Gleichungssystem ermöglicht die Bestimmung von A und V und damit die Berechnung aller anderen Feldgrößen. Die Entkopplung der Gleichungen 2.1.12 und 2.1.13 gelingt nach [21, 22] unter Berücksichtigung, daß die Strömungsgeschwindigkeit v viel kleiner als die Lichtgeschwindigkeit c ist und die Leitfähigkeit χ nach großen Werten beschränkt ist. Speziell durch die letztgenannte Bedingung wird die Kopplung der Gleichungen sehr schwach. Nach [21, 22] ergibt sich für das Skalarpotential im Meßaufnehmer

$$\Delta V = \operatorname{div} (\mathbf{v} \times \mathbf{B}) = \mathbf{B} \cdot \operatorname{rot} \mathbf{v} \qquad (2.1.14)$$

2.2 Lösung der Differentialgleichungen für endliche Magnetfeldausdehnung in Rohrlängsrichtung

In [44] wird die Lösung der Differentialgleichung 2.1.14 für das in Rohrlängsrichtung begrenzte Magnetfeld unter Bezugnahme auf [22] angegeben. Nach Engl [22] ergibt sich die Lösung mit Hilfe der Greenschen Funktion.

$G(\mathbf{x},\mathbf{x}_0)$ sei die durch die Differentialgleichung

$$\Delta G(\mathbf{x},\mathbf{x}_0) = \delta(\mathbf{x}-\mathbf{x}_0) \qquad (2.2.1)$$

definierte Greensche Funktion. Das δ beschreibt die Dirac-Funktion. Für das Potential $V(\mathbf{x}_0)$ ergibt sich :

$$V(\mathbf{x}_0) = \iiint G(\mathbf{x},\mathbf{x}_0) \cdot \operatorname{div} (\mathbf{v} \times \mathbf{B})\, dx\, dy\, dz \qquad (2.2.2)$$

Wobei die Integrationsgrenzen durch die räumliche Ausdehnung des Meßaufnehmers festgelegt sind. Durch Anwendung des Gaußschen Satzes ergibt sich aus Gl. 2.2.2:

$$V(\mathbf{x}_0) = - \iiint \operatorname{grad} G(\mathbf{x},\mathbf{x}_0) \cdot (\mathbf{v} \times \mathbf{B})\, dx\, dy\, dz \qquad (2.2.3)$$

Aus der Differenz zwischen zwei Randpotentialen $V(\mathbf{x}_{01})$ und $V(\mathbf{x}_{02})$ berechnet sich die Nutzspannung U_N:

$$U_N = - \iiint \operatorname{grad} [G(\mathbf{x},\mathbf{x}_{01}) - G(\mathbf{x},\mathbf{x}_{02})] \cdot (\mathbf{v} \times \mathbf{B})\, dx\, dy\, dz \qquad (2.2.3)$$

Der Teilausdruck

$$\mathbf{W}(\mathbf{x},\mathbf{x}_{01},\mathbf{x}_{02}) = \operatorname{grad} [G(\mathbf{x},\mathbf{x}_{01}) - G(\mathbf{x},\mathbf{x}_{02})]$$

bezeichnet den Wertigkeitsvektor. Es entsteht nun die Beziehung:

$$U_N = - \iiint \mathbf{W}(\mathbf{x},\mathbf{x}_{01},\mathbf{x}_{02}) \cdot (\mathbf{v} \times \mathbf{B})\, dx\, dy\, dz \qquad (2.2.4)$$

Nach [44] kann dieser Zusammenhang wie folgt interpretiert werden:

In dem strömenden leitfähigen Fluid entsteht die Feldstärke

$$\mathbf{E} = \mathbf{v} \times \mathbf{B}.$$

Sie erzeugt infinitesimale örtliche Urspannungen

$$dU = \mathbf{E} \cdot ds.$$

Jede dieser Urspannungen bedingt ein elektrisches Stromfeld, das einen Spannungsabfall im Bereich der Elektrodenebene erzeugt. Die Summe dieser Spannungsabfälle bildet die Nutzspannung U_N. Schreibt man

$$dx\ dz\ dy = ds\ dA,$$

läßt sich in Gl. 2.2.4 der Ausdruck

$$\chi \cdot (\mathbf{v} \times \mathbf{B})\ dA$$

als der Strom auffassen, der an dem räumlich verteilten Widerstand $(1/\chi) \cdot \mathbf{W}\ ds$ die Nutzspannung U_N abfallen läßt. Die hier auftretende Vektoreigenschaft des Widerstandes erklärt sich durch die Berücksichtigung von Ort und Ausrichtung der jeweiligen Urspannungsquelle. Dadurch, daß man den Wertigkeitsvektor in Beziehung zum Teilwiderstand einer örtlichen Urspannungsquelle setzt, erhält man für die Wertigkeit eine rein geometrische Abhängigkeit.

Nach [44] berechnet sich die für ein in y-Richtung gerichtetes homogenes Magnetfeld interessierende x-Komponente der Wertigkeitsfunktion mit Hilfe des Greenschen Satzes der Potentialtheorie unter Berücksichtigung der Randbedingung

$$\frac{\delta V}{\delta n} = \mathrm{grad}_r\ V\Big|_{r=r_i} = 0$$

in Zylinderkoordinaten zu:

$$W_x = \frac{r \cdot \cos\phi + r_a}{2 \cdot \pi \cdot \sqrt{r^2 + r_a^2 + 2 \cdot r \cdot r_a \cdot \cos\phi + z^2}^{\,3}}$$

$$+ \frac{- r \cdot \cos\phi + r_a}{2 \cdot \pi \cdot \sqrt{r^2 + r_a^2 - 2 \cdot r \cdot r_a \cdot \cos\phi + z^2}^{\,3}} \qquad (2.2.5)$$

und die y-Komponente der Wertigkeitsfunktion in Zylinderkoordinaten zu:

$$W_y = \frac{r \cdot \sin\phi}{2 \cdot \pi \cdot \sqrt{r^2 + r_a^2 + 2 \cdot r \cdot r_a \cdot \cos\phi + z^2}^{\,3}}$$

$$- \frac{r \cdot \sin\phi}{2 \cdot \pi \cdot \sqrt{r^2 + r_a^2 - 2 \cdot r \cdot r_a \cdot \cos\phi + z^2}^{\,3}} \qquad (2.2.6)$$

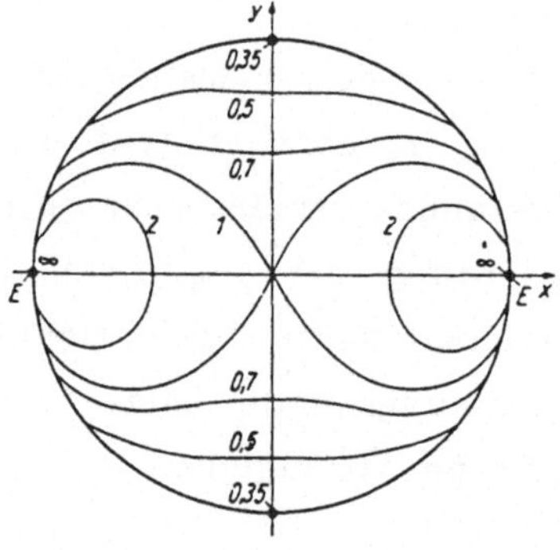

Bild 2.2.1: Höhenlinien der Wertigkeitsfunktion nach [44]

Bild 2.2.1 zeigt den Verlauf der dreidimensionalen Wertigkeitsfunktion W_x normiert auf den Mittelpunkt der Elektrodenebene (z=0). Bild 2.2.2 zeigt den Verlauf von W_x in z-Richtung (ϕ=0 und Radius r als Parameter).

Schommartz gibt in [44] als Ergebnis für das ebene Strömungsprofil und das in z-Richtung begrenzte Magnetfeld folgende Lösung an:

$$U_N = 2 \cdot r_a \cdot \bar{v} \cdot B_0 \cdot (1 - 0.866 \cdot e^{-\frac{2 \cdot z_1}{r_i}} \cdot e^{-\frac{2(z_2 - z_1)}{r_i}}) \qquad (2.2.6)$$

Die Elektroden sind für diese Lösung diametral bei z=0 angeordnet. Der Verlauf des Magnetfeldes ist in z-Richtung trapezförmig genähert. Hierbei stellt der Abstand $z_0=0$ bis z_1 den Bereich räumlich konstanter Feldamplitude und der Abstand z_1 bis z_2 den Bereich linear auf den Wert Null abfallender Feldamplitude dar.

Schommartz zeigt unter Verwendung dieses Ergebnisses, daß nur ein in z-Richtung konstantes B-Feld der Länge des 1,3-fachen Rohrdurchmessers erforderlich ist, um den Strömungsprofileinfluß auf das Meßergebnis unter 1% zu halten. Dieses Ergebnis ermöglicht es, weitere Betrachtungen auf die Elektrodenebene zu beschränken, das heißt, den B-Feldverlauf und die Wertigkeitsfunktion als zweidimensional anzunehmen.

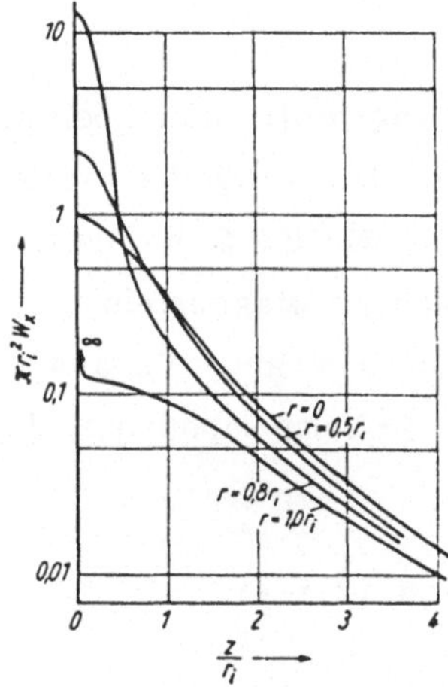

Bild 2.2.2: Verlauf der Wertigkeitsfunktion in z-Richtung nach [44]

2.3 Lösung für das inhomogene Magnetfeld in der Elektrodenebene

Die Betrachtungen für das inhomogene Magnetfeld erfolgen zweidimensional in der Elektrodenebene. Die x-Komponenete der Wertigkeit ergibt sich entsprechend Gl. 2.2.5 zu:

$$W_x = \frac{r \cdot \cos\phi + r_a}{\pi \cdot (r^2 + r_a^2 + 2 \cdot r \cdot r_a \cdot \cos\phi)} + \frac{r_a - r \cdot \cos\phi}{\pi \cdot (r^2 + r_a^2 - 2 \cdot r \cdot r_a \cdot \cos\phi)} \qquad (2.3.1)$$

Durch den inhomogenen Feldverlauf wird zusätzlich die y-Komponente der Wertigkeitsfunktion benötigt. Sie ergibt sich nach [44] zu:

$$W_y = \frac{r \cdot \sin\phi}{\pi \cdot (r^2 + r_a^2 + 2 \cdot r \cdot r_a \cdot \cos\phi)} - \frac{r \cdot \sin\phi}{\pi \cdot (r^2 + r_a^2 - 2 \cdot r \cdot r_a \cdot \cos\phi)} \qquad (2.3.2)$$

Die Nutzspannung U_N berechnet sich zu:

$$U_N = \int_0^{r_a} \int_0^{2\pi} (B_x \cdot W_y{}^{(2)} - B_y \cdot W_x{}^{(2)}) \cdot v_z(r) \cdot r \cdot d\phi \cdot dr \qquad (2.3.3)$$

Bei radialsymmetrischem Strömungsprofil und ebeninhomogenem Magnetfeld liefert die x-Komponente des B-Feldes auch einen Beitrag zur Nutzspannung. Sie muß also in Gl. 2.3.3 berücksichtigt werden. Nach [44] läßt sich das ebeninhomogene Magnetfeld wegen div B = 0 und rot B = 0 als Potentialfunktion B = grad V_m aus $\Delta\ V_m = 0$ herleiten. Es gilt für die x- und die y-Kompomponente des Magnetfeldes die Lösung:

$$B_x = \sum B_i \cdot \left(\frac{r}{r_a}\right)^{2i} \cdot \sin\ (2 \cdot i \cdot \phi)$$

$$B_y = \sum B_i \cdot \left(\frac{r}{r_a}\right)^{2i} \cdot \cos\ (2 \cdot i \cdot \phi) \qquad (2.3.4)$$

Entwickelt man die Wertigkeitsfunktionen Gl. 2.3.1 und 2.3.2 in Fourier-Reihen, ergeben sich die Gl. 2.3.5 und 2.3.6:

$$W_x^{(2)} = \frac{2}{\pi \cdot r_a} \cdot \sum_{n=o}^{\infty} \left(\frac{r}{r_a}\right)^{2n} \cdot \cos(2 \cdot n \cdot \phi) \qquad (2.3.5)$$

$$W_y^{(2)} = \frac{2}{\pi \cdot r_a} \cdot \sum_{n=o}^{\infty} \left(\frac{r}{r_a}\right)^{2n} \cdot \sin(2 \cdot n \cdot \phi) \qquad (2.3.6)$$

Als Meßspannung ergibt sich nach Einsetzen in Gl. 2.3.3:

$$U_N = 2 \cdot r_a \cdot B_o \cdot \bar{v} \cdot \left[1 + \frac{1}{3} \cdot \frac{B_1}{B_o} + \frac{1}{5} \cdot \frac{B_2}{B_o} + \cdots\right] \qquad (2.3.7)$$

Das Nutzsignal ist bei beiden Lösungen proportional zur mittleren Strömungsgeschwindigkeit $\bar{v}$.

3 Der Einfluß der Störgrößen

Die an einem Meßwertaufnehmer zur magnetisch-induktiven Durchflußmessung auftretenden Störeinflüsse werden in innere und äußere Störungen gegliedert. Die inneren Störeinflüsse sind durch den Aufbau des Meßwertaufnehmers bedingt, während äußere Störeinflüsse beispielsweise durch das elektrochemische Verhalten des Meßmediums oder durch Einwirken elektromagnetischer Fremdfelder entstehen. Der Einfluß des kapazitiven Verhaltens des Meßmediums ist ebenfalls den äußeren Störeinflüssen zuzuordnen.

3.1 Innere Störspannungen

3.1.1 Transformatorische Störspannung

Die transformatorische Störspannung [5, 12, 44] wird zusätzlich zur Nutzspannung u_N durch das zeitlich veränderliche Magnetfeld im magnetisch-induktiven Durchflußmesser erzeugt.

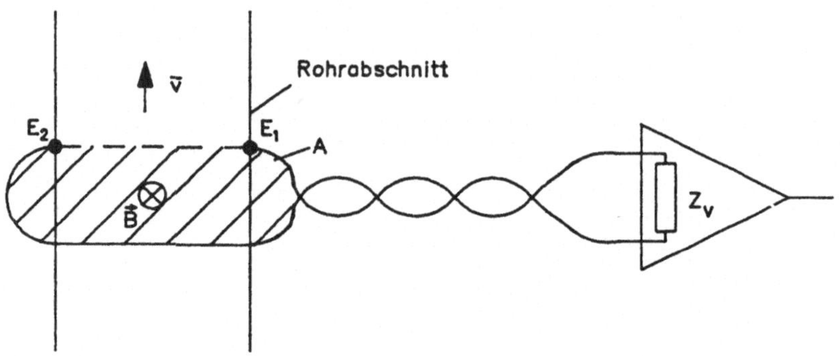

Bild 3.1.1: Prinzipschaltbild des magnetisch-induktiven Durchflußmeßaufnehmers

Der magnetische Verkettungsfluß Ψ_T durchsetzt die Leiterschleife, die aus der Flüssigkeit mit der mittleren Strömungsgeschwindigkeit $\bar{v}$ an den Elektroden E_1 und E_2 mit ihren Zuleitungen und dem Eingangswiderstand des Meßverstärkers Z_v besteht und induziert eine um den

Winkel ϕ_T zum Spulenstrom i_S phasenverschobene Störspannung u_T (Bild 3.2.1). Die Amplitude der Störspannung wird von der Größe der durch die Leiterschleife begrenzten, flußdurchsetzten Fläche A und der zeitlichen Änderung des Magnetfeldes B(t) bestimmt.

$$u_T = -K(\vartheta)\cdot\frac{d}{dt}\int B(t)\cdot dA \tag{3.1.1}$$

$K(\vartheta)$ beschreibt den Temperatureinfluß auf die Amplitude von u_T. Im Meßrohrabschnitt bewirkt das Magnetfeld die Lorenzkraft, die auf die Ladungsträger der einzelnen Strömungslinien in der bewegten Flüssigkeit ausgeübt wird und die Nutzspanung u_N erzeugt. In der folgenden Gleichung bezeichnet D den Rohrdurchmesser. Sie gilt unter der Voraussetzung, daß B, $\bar{v}$ und D jeweils senkrecht zueinander stehen.

$$u_N = D\cdot\bar{v}\cdot B \tag{3.1.2}$$

Das Magnetfeld induziert außerhalb des Meßrohres in Leiterschleifen die transformatorische Störspannung [34]. Sind das innere und das äußere Magnetfeld phasengleich zueinander, so beträgt die Phasenverschiebung ϕ_T zwischen transformatorischer Störspannung u_T und Spulenstrom i_S etwa 90°. Entsprechend der Richtung der Flächennormalen eilt u_T voraus oder nach. Das innere und das äußere Feld können sich jedoch bei verschiedenen Bauformen des Meßaufnehmers in ihrer Phasenlage gegeneinander verschieben. Diese Effekte treten insbesondere bei Meßwertaufnehmern aus Metallrohren auf. Nach [34] eilt dann das äußere dem inneren Magnetfeld nach und verringert so den Phasenwinkel ϕ_T zwischen transformatorischer Störspannung u_T und dem Spulenstrom i_S auf Beträge $\phi_T < 90^o$. Der Phasenwinkel zwischen dem äußeren und dem inneren Magnetfeld ist abhängig von der Frequenz des Erregerstroms, dem Verhältnis der Rohrwanddicke zur Eindringtiefe und der spezifischen Leitfähigkeit (Bild 3.1.2).

3.1.2 Kapazitive Störspannung

Zwischen den Elektroden mit ihren Zuleitungen und der Erregerspule des Meßaufnehmers besteht eine kapazitive Kopplung [44]. Sie verursacht eine Störspannung u_C, die unabhängig von der mittleren Strömungsgeschwindigkeit $\bar{v}$ des Mediums vorhanden ist. Das Verhältnis der Amplituden und der Phasenlagen der Stör- zur Nutzspannung hängt direkt von der baulichen Anordnung des Meßaufnehmers, von der Leitfähigkeit des Meßmediums und der Frequenz der Magnetisierungsspannung ab. Aus der Störkapazität resultiert eine Nullpunktverschiebung. Die Störspannung u_C eilt dem Spulenstrom i_S in ihrer Phasenlage um einen Winkel $90^o < \phi_C < 180^o$ voraus. Daraus folgt, daß immer ein Anteil von u_C an den Elektroden wirksam wird (Bild 3.1.2).

3.1.3 Ohmsche Störspannung

Die ohmsche Störspannung u_R [44] entsteht durch Überkoppeln der Spulenspannung u_S über die Isolationswiderstände in den Elektrodenstromkreis. Aus diesem Grunde besteht nur eine sehr geringe Phasenverschiebung ϕ_R zwischen der Störspannung u_R und der Spulenspannung u_S (Bild 3.1.2).

3.1.4 Phasenlage der Störspannungen zueinander

In Bild 3.1.2 ist die Phasenlage der einzelnen Störspannungen zum Spulenstrom dargestellt [44].

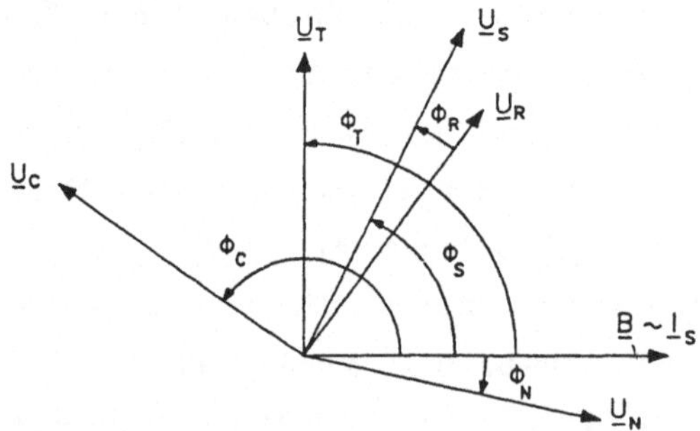

Bild 3.1.2: Zeigerdiagramm der Nutz- und Störspannungen

Hierin bezeichnet i_S den Spulenstrom, u_S die Spulenspannung und ϕ_N den Winkel zwischen Nutzspannung und Spulenstrom. Die Länge der Zeiger zueinander repräsentiert nicht die reale Größe der Ströme und Spannungen, sondern ist vielmehr qualitativ anzusehen.

3.2 Äußere Störspannungen

3.2.1 Unsymmetriespannung

Die Unsymmetriespannung entsteht durch die sich nicht kompensierenden Gleichgewichtspotentiale an den beiden Elektroden des Meßaufnehmers. Deren wichtigste Ursachen sind nach [5, 8, 9, 17]:

- Gleichgewichtseinstellung zwischen den Ionen im Metallgitter und gleichen Ionen in der Meßlösung
- Gleichgewichtseinstellung an schwerlöslichen Deckschichten aus Salzen des Eletrodenmetalls
- Redoxreaktionen an edlen Metallen durch die Umladung von Lösungsionen
- Potentialbildung an Metallüberzügen von entladenen unedleren Lösungsmetallionen
- Bildung von Gaselektroden, z. B. durch Anlagerung von Wasserstoff und Sauerstoff an edleren Metallen
- Gleichgewichtseinstellung an Oxydschichten der Elektrodenmetalle
- Einstellung des Gleichgewichts an semipermeablen Wänden.

Die aufgeführten Ursachen zeigen eine Abhängkeit der Unsymmetriespannung von der Vorgeschichte des Meßmediums, der Elektroden und der Zeit. Zusätzlich sind Abhängigkeiten von dem Druck im Meßrohr, der Konzentration der potentialbestimmenden Ionen im Medium (Leitfähigkeit) und der Temperatur vorhanden. Die Unsymmetriespannung ist aus den genannten Gründen nicht reproduzierbar. Sie erreicht eine Größe von etwa 5 bis 100 mV.

3.2.2 Polarisationsspannung

Bedingt durch den galvanisch angekoppelten Innenwiderstand des Meßverstärkers an den Elektroden fließt durch das Medium ein Meßstrom, der zu einer Verschiebung der Gleichgewichtspotentiale an den Phasengrenzen führt [8, 9, 64]. Dabei lassen sich folgende Fälle unterscheiden:

- Der äußere Strom muß die Potentialschwelle an der Elektrode überwinden. Der dadurch entstehende Spannungsabfall wird als Durchtrittsüberspannung bezeichnet
- Ist der Durchtrittsreaktion eine langsame chemische Reaktion vor- oder nachgeschaltet tritt durch die Verschiebung des Gleichgewichts die Reaktionsüberspannung auf
- Ist der Ein- bzw. Ausbau der Ionen des Metallgitters gehemmt, so bildet sich eine Kristallisationsüberspannung
- Entstehen auf Grund zu langsamer Diffusionsgeschwindigkeiten der Lösungsionen Hemmungen, so kommt eine sogenannte Diffusionsüberspannung zustande
- Deckschichten und Diffusionsabfälle verursachen die Widerstandspolarisation.

Die Polarisationsspannungen beider Elektroden addieren sich. Bei dem Meßmedium Wasser und einem Betrag des Meßverstärkerinnenwiderstandes Z_V > 107Ω zeigen diese Potentiale jedoch keine Auswirkung mehr. Polarisationsspannungen zeigen Abhängigkeiten von der Meßstoffzusammensetzung, vom Druck und der Temperatur.

3.2.3 Störeinfluß von Fluidparametern

Die elektrischen Eigenschaften der Meßflüssigkeit werden im Ergebnis der theoretischen Ableitung der Nutzspannung des idealen Meßaufnehmers [21, 22, 23, 44] nicht vollständig berücksichtigt. Praktische Messungen mit sinus- und impulsförmigem Erregerstromverlauf weichen deshalb vom theoretischen Ergebnis ab. In diesem Zusammenhang wird in [1] auf das Problem der Nullpunktdrift bei der phasenselektiven Gleichrichtung durch Änderung der elektrolytischen Eigenschaften des Mediums im Meßaufnehmer hingewiesen. In dem Untersuchungsbericht [29] wird bei der Messung der Strömungsgeschwindigkeit von Fluiden niedriger Leitfähigkeit (deionisiertes Wasser) mit höherfrequenten Sinusfeldern (1 KHz) ebenfalls eine erregerfrequenzabhängige Nullpunktdrift festgestellt. Aus diesem Versuchsbericht geht hervor, daß ein großer Teil des Versuchsaufbaus aus elektrisch nichtleitenden Materialien erstellt wurde, so daß Wirbelstromeinflüsse auszuschließen sind. Die hier angegebene Begründung für die Phasenverschiebung zwischen dem Nutzspannungsanteil und dem transformatorischen Störspannungsanteil der Elektrodenspannung stützt sich auf die kapazitiven Einflüsse des Fluids im Elektrodenstromkreis und auf Inhomogenitäten in der Flüssigkeit. Diese führen, dem Versuchsbericht zur Folge, zu zusätzlichen Phasenverschiebungen des transformatorischen Störspannungsanteils gegenüber dem Nutzspannungsanteil der Elektrodenspannung. Zur näheren Untersuchung dieser Einflüsse ist auf das Ersatzschaltbild in [44] zurückgegriffen worden, das durch eigene Messungen und durch Literaturstellen aus dem Bereich der Leitfähigkeitsmessung [64] bestätigt und ergänzt werden konnte. In Bild 3.2.1 wurde das komplizierte Netzwerk aus Kapazitäten und Widerständen, das die Ausgleichsvorgänge von Ladungen in der Flüssigkeit beschreibt, durch die dargestellten RC-Anordnungen angenähert. Hierin stellt das Netzwerk aus R_D, R_ω, C_D und C_ω das elektrische Ersatzschaltbild an der Phasengrenze zwischen Elektrode und Medium dar.

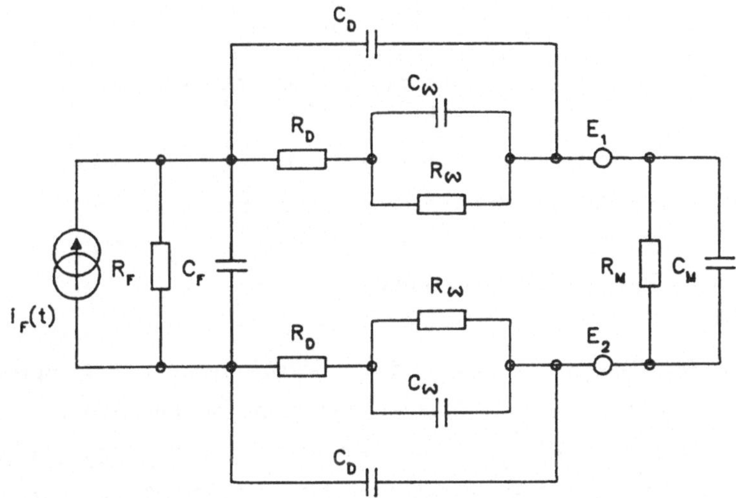

Bild 3.2.1: Elektrisches Ersatzschaltbild des Meßaufnehmers

Der über die Phasengrenze fließende Strom kann in zwei Teilströme zerlegt werden. Während der eine Teilstrom nur die Doppelschichtkapazität C_D umlädt, ist der andere Teilstrom mit einem Stoffumsatz verbunden. Der Durchtritt der Ladungsträger durch die Phasengrenze wird durch den stark nichtlinearen Widerstand R_D wiedergegeben. An ihm fällt die stationäre Durchtrittsüberspannung ab. Die Elemente C_ω und R_ω geben pauschal den Einfluß der Diffusions-, Reaktions- und Kristallisationsüberspannungen wieder. Der Widerstand R_F und die Kapazität C_F repräsentieren den Widerstand und die Kapazität des Meßmediums. An der Parallelschaltung aus R_F und C_F erzeugt der in der Strömung induzierte Strom i_F den zur Strömungsgeschwindigkeit proportionalen Spannungsabfall. Alle Elemente des elektrischen Ersatzschaltbildes sind als abhängige Größen der Prozeßparameter Strömungsgeschwindigkeit, Leitfähigkeit und Temperatur zu betrachten. Zur Veranschaulichung dieses Sachverhaltes wird in Tabelle 3.2.1 die Abhängigkeit der relativen Dielektrizitätskonstanten ε_r von Wasser in Abhängigkeit von der Temperatur angegeben.

°C	ε_r	°C	ε_r
0	87.90	50	69.88
10	85.90	60	66.76
20	80.18	70	63.78
30	76.58	80	60.93
40	73.15	90	58.20

Tabelle 3.2.1: Relative Dielektrizitätskonstante von Wasser in Abhängikeit von der Temperatur [5]

Die Dielektrizitätskonstante ändert sich in dem für die magnetisch--induktive Durchflußmessung interessanten Frequenzbereich (<1 KHz) jedoch nur geringfügig in Abhängigkeit von der Leitfähikeit, so daß diese Einflüsse vernachlässigbar sind.

Parallel zu den Elektroden E_1 und E_2 wurde noch der komplexe Eingangswiderstand des Meßverstärkers, der sich im wesentlichen aus der Kabelkapazität der Zuleitungen und dem hochohmigen Eingangswiderstand der Differenzverstärkerstufe zusammensetzt, eingezeichnet $(R_V//1/(j\omega C_V))$. Mit der Versuchsanordnung nach Bild 3.2.2 wurde der Einfluß von Frequenzänderungen und Leitfähigkeitsänderungen auf den Aufnehmerinnenwiderstand untersucht. Bei diesen Messungen wurde eine Phasenverschiebung in Abhängigkeit von der Frequenz und der Leitfähigkeit wie in Tabelle 3.2.2 aufgeführt nachgewiesen. Von Schommartz [44] wurden ebenfalls Untersuchungen des Aufnehmerinnenwiderstandes durchgeführt.

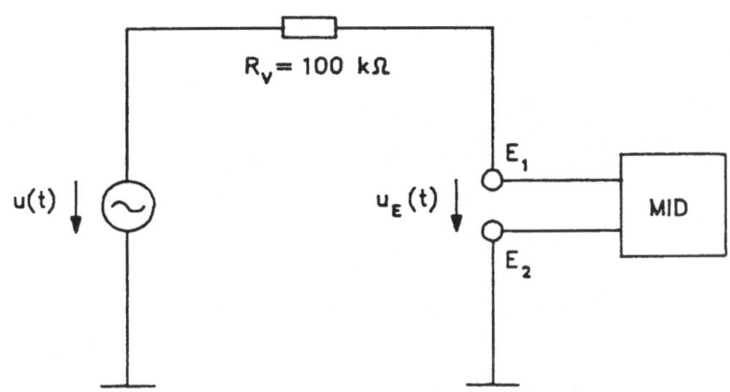

Bild 3.2.2: Elektrisches Ersatzschaltbild der Meßanordnung mit magnetisch-induktivem Durchflußmeßaufnehmer (MID)

Leitfähigkeit/µS/cm	11	87	502
Frequenz f/KHz	Φ/Grad	Φ/Grad	Φ/Grad
0.010	0.2	4.3	22.0
0.1	0.2	1.7	8.5
1.0	1.8	1.6	3.3
4.0	5.3	2.8	2.4
10.0	11.1	4.7	2.5
40.0	34.5	14.0	2.5
100.0	54.7	26.7	2.4

Tabelle 3.2.2: Einflüsse von Frequenz- und Leitfähigkeitsänderungen

Sie bezogen sich jedoch nur auf Leitungswasser. Die Ergebnisse sind in ihrer qualitativen Aussage gleich denen in der Tabelle 3.2.2 für 87 µS/cm. Der komplexe Aufnehmerinnenwiderstand zeigt eine deutliche Abhängigkeit von der Leitfähigkeit. Hieraus kann mit Tabelle 3.2.1 eine ebenfalls deutliche Abhängigkeit von der Temperatur abgeleitet werden, da sich bei einer Temperaturerhöhung die Leitfähigkeit von Wasser vergrößert und die Kapazität verkleinert.

Der Einfluß der Parameter Frequenz und Leitfähigkeit auf den Phasenwinkel der transformatorischen Störspannung ist aus Tabelle 3.2.3 zu entnehmen. Als Bezugssignal diente der Spulenstrom und als Vergleichssignal die Ausgangsspannung einer zusätzlich auf die Erregerwicklung des magnetisch-induktiven Durchflußmeßaufnehmers aufgewickelten Sekundärwicklung. Der modifizierte Meßaufnehmer war mit einem Meßrohrabschnitt aus Al_2O_3 ausgerüstet. Die zusätzlich erzeugte Spannung wird im folgenden als Referenzspannung für die transformatorische Störspannung u_{TR} bezeichnet.

Frequenz f/Hz	1000	100	10	Leitfähigkeit µS/cm
Φ_E/Grad	-136.3	-108.8	-91.8	79
Φ_R/Grad	-131.0	-105.4	-91.9	79
Φ_E/Grad	-136.8	-108.5	-91.2	45
Φ_R/Grad	-130.0	-105.4	-91.9	45
Φ_E/Grad	-135.1	-108.9	-91.4	24
Φ_R/Grad	-130.9	-105.3	-91.4	24
Φ_E/Grad	-136.2	-108.9	-91.1	14
Φ_R/Grad	-131.0	-105.7	-91.9	14

Tabelle 3.2.3: Phasenwinkel Φ_E der transformatorischen Störspannung und Φ_R der Referenzspannung zum felderzeugenden Spulenstrom i_S

In den Winkeln Φ_E ist noch die Phasenverschiebung des zusätzlich erforderlichen Verstärkers zu berücksichtigen. Sie betrug bei 100 Hz 0.1 Grad und bei 1KHz 0.9 Grad. Zwischen der transformatorischen Störspannung und ihrem Referenzsignal besteht also eine Phasenverschiebung in Abhängigkeit von der Frequenz. Eine Abhängigkeit des Phasenwinkels von der Leitfähigkeit konnte unter Berücksichtigung der Meßunsicherheit mit dieser Meßanordnung nicht nachgewiesen werden.

An Hand des elektrischen Ersatzschaltbildes Bild 3.2.1 läßt sich zeigen, daß die in der Flüssigkeit erzeugte Spannung in Abhängigkeit von R_F und C_F eine Phasenverschiebung gegenüber dem Induktionsstrom i_F und damit gegenüber der Induktion B aufweisen kann. Die komplexe Spannung u_F ergibt sich aus

$$\underline{u_F} = \underline{i_F} \cdot [R_F \; // \; (1/(j\omega C_F))] \tag{3.2.1}$$

Hierbei ist zu berücksichtigen, daß die Parallelschaltung der Kapazität C_F und des Widerstandes R_F eine Abhänigkeit von der Temperatur, der Leitfähigkeit, der Frequenz von i_F und der Geometrie des Meßaufnehmers aufweist. Die genannten Einflußgrößen können also gemäß der Formel zu einer Änderung des Phasenwinkels des Nutzspannungsanteils in Bezug auf den Spulenstrom beitragen und damit zu einer Nullpunktdrift bei Meßgeräten mit einer phasenselektiven Störsignalunterdrückung führen.

Bei der Verwendung eines impuls- oder sinusförmigen Spulenstromverlaufs reicht es also nicht aus, die komplexe Meßstreckenimpedanz nur in Bezug auf die Eingangsimpedanz des Meßverstärkers zu berücksichtigen. Diese Ergebnisse konnten im Rahmen anderer experimenteller Untersuchungen vor allem mit impulsförmigen Feldverläufen bestätigt werden. Speziell bei Leitfähigkeiten $\chi<20$ µS/cm treten in deionisiertem Leitungswasser größere Phasenwinkelschwankungen auf, die höchstwahrscheinlich durch Inhomogenitäten in der Flüssigkeit verursacht werden. Eine quantitative Betrachtung dieser Ergebnisse erschien jedoch nicht sinnvoll, da sich die Einflußgrößen wie oben aufgezeigt je nach Anwendungsfall in Abhängigkeit einer zu großen Zahl von Parametern ändern können.

3.2.4 Störeinflüsse durch elektronisches Rauschen

Unter dem Gesichtspunkt hoher Meßgenauigkeit gewinnen Störeinflüsse durch Rauschen schon bei größeren Leitfähigkeiten χ an Bedeutung. Handelsübliche magnetisch-induktive Meßaufnehmer mit Punktelektroden werden in ihren Meßeigenschaften bis χ = 20 µS/cm spezifiziert. Einige Hersteller bieten zudem Sonderausführungen bis zu χ = 5 µS/cm an. In den Grenzbereichen wird durch die Erhöhung des Innenwiderstandes des Meßaufnehmers der Einfluß der Rauschspannungen auf das Meßergebnis so groß, daß die spezifizierten Fehlertoleranzen der Meßaufnehmer nicht eingehalten werden können. Erste Messungen der Rauschleistungsdichte an den Elektroden eines magnetisch-induktiven Durchflußmeßaufnehmers wurden von Hentschel durchgeführt [28]. Seine Messungen bezogen sich jedoch auf einen kapazitiven Signalabgriff bei mischleitenden und isolierenden Flüssigkeiten wie beispielsweise Benzol. In anderen Literaturstellen wird ebenfalls auf das Problem des Rauschens bei niedrigen Leitfähigkeiten und konduktivem Signalabgriff hingewiesen [1]. Zur näheren Bestimmung dieser Einflüsse wurden Messungen der Rauschspannung an den Elektroden eines handelsüblichen Durchflußmeßaufnehmers mit einem Meßrohr aus Al_2O_3 durchgeführt.

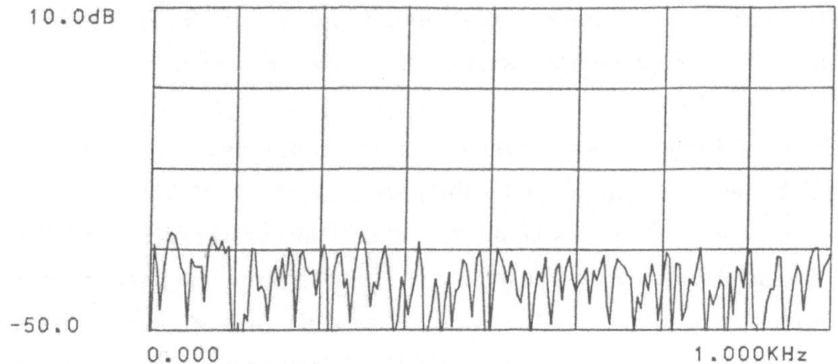

Bild 3.2.3: Amplitudenverlauf des Rauschens an den Elektroden in Abhängigkeit von der Frequenz bei $\bar{v}$=0m/s

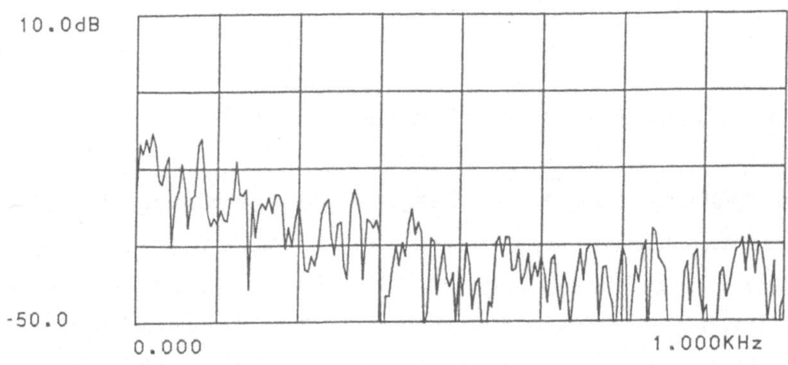

Bild 3.2.4: Amplitudenverlauf des Rauschens an den Elektroden in Abhängigkeit von der Frequenz bei $\bar{v}$=1.4m/s

Variiert wurde bei diesen Messungen sowohl die Strömungsgeschwindigkeit als auch die Leitfähigkeit des Meßmediums Wasser. Bild 3.2.3 zeigt den Amplitudenverlauf des Rauschens bei der Strömungsgeschwindigkeit $\bar{v}$=0m/s und einer Temperatur von $\vartheta=18^{\circ}$ und der Leitfähigkeit 55µS/cm in Abhängigkeit von der Frequenz, wie er an dem Versuchsgerät zu messen war. Bild 3.2.4 zeigt den spektralen Amplitudenverlauf des Rauschens bei der Strömungsgeschwindigkeit $\bar{v}$=1.4m/s, einer Temperatur $\vartheta=18^{\circ}C$ und der Leitfähigkeit χ=55µS/cm.

Vor der Diskussion der Meßergebnisse soll kurz auf die Ursachen des Rauschens eingegangen werden. Im letzten Kapitel wurde bereits das elektrochemische Verhalten der Phasengrenze Metallelektrode zur Flüssigkeit durch ein elektrisches Ersatzschaltbild beschrieben. In diesem Ersatzschaltbild fand die Doppelschichtkapazität C_D Berücksichtigung. Die Doppelschicht bildet sich aus energetischen Gründen durch Ablagerung von Ionen gleicher Ladungsart an der Metallelektrode. Daran schließt sich in Richtung des Rohrmittelpunktes eine diffuse, also räumlich verteilte Schicht entgegengesetzt geladener Ionen an, deren Ladungsträgerkonzentration in dieser Richtung abnimmt. Diese zweite Schicht wird von der Flüssigkeit mitbewegt. Bei kleinen Leitfähigkeiten der Flüssigkeit kann dieser Effekt zu elektrostatischen Aufladungen führen [65]. Es ist zu vermuten, daß dieser Ladungstransport zusammen mit dem Innenwiderstand der Flüssigkeit und den in [67] näher beschriebenen Ladungsaustauschvorgängen an solchen Phasengrenzen eine von der Strömungsgeschwindigkeit und der Leitfähigkeit abhängige Rauschspannungsquelle darstellt.

In konventionellen magnetisch-induktiven Meßaufnehmern werden zur Reduzierung des magnetischen Widerstandes ferromagnetische Materialien eingesetzt. Diese Werkstoffe induzieren während und nach der Magnetisierung durch ein Feld zusätzlich zur erwünschten Nutzspannung ein Magnetisierungsrauschen. Eine Erklärung für diese Störspannung findet man in den nichtreversibel verlaufenden Blochwandverschiebungen, den Barkhausensprüngen. Durch sie entstehen örtlich verteilt unterschiedliche Induktionsänderungen, die in ihrer Summe das Magnetisierungsrauschen zur Folge haben. In [76] sind meßtechnische und analytische Ergebnisse der spektralen Leistungsdichte dieses Rauschens zusammengefaßt. Es zeigt Abhängigkeiten von der Temperatur, dem Magnetwerkstoff, der Magnetfeldstärke, der Geometrie und der Magnetisierungsfrequenz. Die spektrale Leistungsdichte nimmt mit steigender Frequenz ab und ist einige Potenzen zur Basis 10 kleiner als das Rauschen rauscharmer Transistoren.

Die Bestimmung der Rauschspannungsamplitude in Abhängigkeit von der Frequenz erfolgte mit einem digitalen Spektralanalysator, der mit einem

Fast-Fourier-Modul ausgerüstet war. Um die kleinen Signale in ihrer Amplitude auf die relativ großen Mindesteingangsspannungen des Frequenzanlysators anzupassen, wurde ein sehr rauscharmer Instrumentenverstärker mit der Spannungsverstärkung 100 vorgeschaltet. Der Frequenzanalysator errechnete aus dem komplexen Frequenzspektrum den dekadischen Logarithmus des Betrages nach der Formel

$$A(f)dB \mathrel{\hat{=}} 20\cdot\log\sqrt{Re^2(n(f))+Im^2(n(f))} \qquad (3.2.2)$$

Ähnlich wie bei Hentschel in [28] zeigte das Rauschen ausgesprochenes Tiefpaßverhalten. Entgegen dem von Hentschel festgestellten Absinken des Rauschpegels mit steigender Frequenz bei der mittleren Strömungsgeschwindigkeit $\bar{v} = 0$ blieb der Rauschpegel bei deionisiertem Wasser näherungsweise in Abhängigkeit von der Frequenz konstant. Die Rauschspannung zeigte Abhängigkeiten von der Strömungsgeschwindigkeit, der Temperatur und der Leitfähigkeit. Während die Rauschamplituden im Bereich größer 500 Hz keine meßbare Abhängigkeit von der Strömungsgeschwindigkeit aufweisen, erhöht sich der Rauschpegel bei Frequenzen unter 500 Hz in erster Näherung proportional zur Strömungsgeschwindigkeit. Die Amplituden wurden ab 10 Hz mit etwa 20 dB/Dekade kleiner (Bild 3.2.5). Im folgenden soll eine qualitative formale Beschreibung erfolgen, die jedoch nur als Näherung zu betrachten ist. τ ist die Zeitkonstante, die ein analoges Tiefpaßfilter haben müßte, damit es aus einem "weißen" Rauschen den Spektralverlauf ähnlich wie in Bild 3.2.5 erzeugt. Im Frequenzbereich $f > 500$ Hz überwiegt das Grundrauschen n_G.

$$n(\omega,\bar{v},\chi,\vartheta) = \frac{n_V(\bar{v},\chi,\vartheta)}{\sqrt{(1+\omega^2\cdot\tau^2)}} + n_G(\chi,\vartheta) \qquad (3.2.3)$$

Dem Forschungsbericht [29] ist zu entnehmen, daß die Rauschleistungsdichte und damit auch die Rauschspannung im Bereich unter 10 Hz nahezu konstant ist.

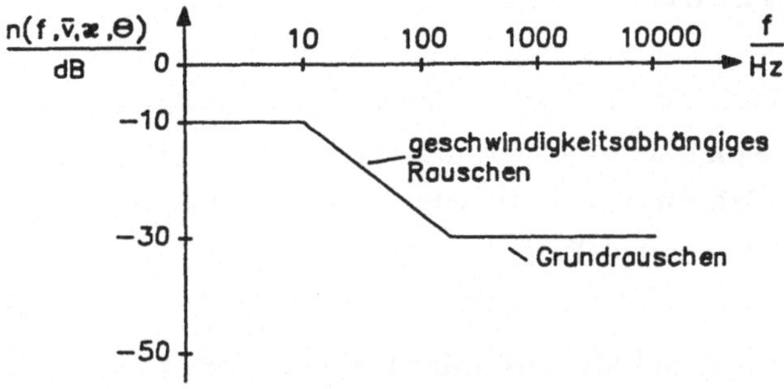

Bild 3.2.5: Spektraler Amplitudenverlauf des Rauschens

Im folgenden werden noch einige Rauschamplituden angegeben, welche die Maximalwerte in dieser Meßreihe darstellten.

Leitfähigeit: S = 14 μS/cm Temperatur: θ = 18 ^{o}C
Strömungsgeschwindigkeit: $\bar{v}$ = 2.75 m/s

f/Hz	10	100	200	300	400	1000
$u_n/\mu V$	56	10	8	3.1	3.1	3.1

Tabelle 3.2.4: Gemessene Rauschamplituden

Bei kurzgeschlossenem Verstärkereingang konnte unter gleichen Meßbedingungen eine Rauschamplitude von konstant 35.4 nV gemessen werden.

3.2.5 Störspannungen durch Fremdströme

Hier sind vor allem die Versorgungsnetzstörungen zu nennen. Sie werden beispielsweise durch den Betrieb elektrischer Bahnen oder durch verschiedene Erdpotentiale an der Grenzstelle von zwei oder mehr unabhängig gespeisten Versorgungsnetzen hervorgerufen. Die Ausgleichströme werden von metallisch leitenden Rohren und niederohmigen Flüssigkeiten geführt und können so einen Spannungsabfall im Meßaufnehmer erzeugen. Zur Verminderung dieser Störeinflüsse eignen sich Kurzschlußbrücken mit einer niederohmigen Verbindung zum Erdpotential. Zur Flüssigkeit wird der Kontakt mit Erdungsringen hergestellt. Sie finden bei allen kommerziellen Meßaufnehmern Anwendung.

4 Derzeit gebräuchliche Verfahren und Geräte zur Meßsignalerzeugung

Zur Trennung des, der mittleren Strömungsgeschwindigkeit proportionalen, Spannungssignals von den überlagerten Störspannungen wurden verschiedene Verfahren mit unterschiedlicher Zielsetzung in Bezug auf die Randbedingungen entwickelt.

4.1 Verfahren mit geschaltetem oder umgepoltem Gleichfeld

Bei diesem Verfahren [12] werden die Spulen des magnetisch-induktiven Durchflußmeßaufnehmers mit einem Rechteckwellensignal gespeist, das durch das periodische Umpolen oder Ein- und Ausschalten einer Stromquelle erzeugt wird. Entsprechend der Ableitung des physikalischen Funktionsprinzips des Meßaufnehmers wird durch das strömende Fluid eine in erster Näherung zum Erregerstrom gleichphasige Spannung in der Flüssigkeit induziert, die überlagert von den Störspannungen an den Elektroden abgegriffen werden kann.

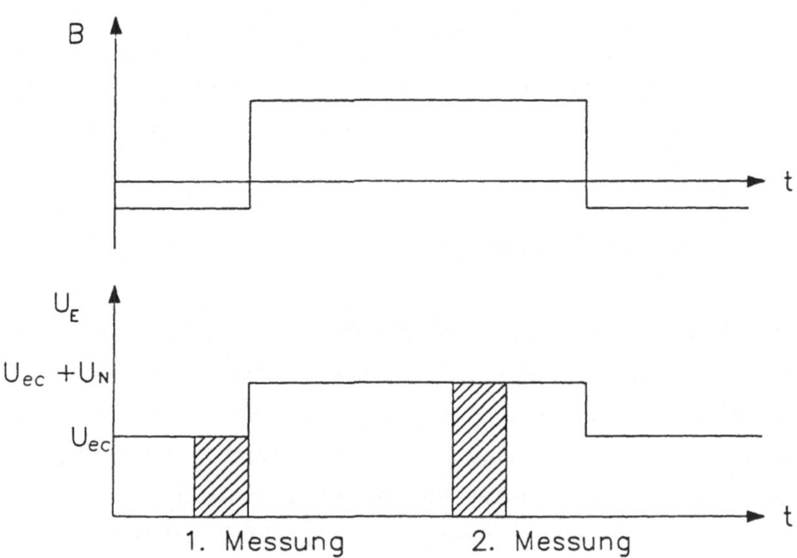

Bild 4.1.2: Prinzipielle Darstellung von Stör- und Nutzsignal bei Umpolbetrieb

Bild 4.1.1 zeigt den zeitlichen Verlauf der Nutz- und der Störspannungen sowie der magnetischen Induktion bei Umpolbetrieb. Der zeitliche Verlauf des Magnetfeldes B und der Spannung U an den Elektroden ist schematisch über einer gemeinsamen Zeitachse aufgetragen. Die transformatorische Störspannung wird nach dem Einschwingen des Spulenstromes auf die konstante Amplitude zu null. Sie nimmt erst beim Abschalten bzw. Umkehren des Spulenstromes eine von Null verschiedene Amplitude an, um danach wieder zu null zu werden. Während des Umschaltvorgangs enstehen sehr große Spannungsspitzen, die den Verstärker in die Sättigung treiben können. Die Zeitabschnitte konstanten Spulenstromes können zur Meßwertbestimmung ausgenutzt werden. Zur Berechnung des Meßwertes bildet die Meßwertverarbeitungseinheit die Differenz zwischen zwei Abtastwerten bei verschiedenen Stromamplituden (vgl. Bild 4.1.1). Einflüsse von quasi konstanten Störpotentialen, wie beispielsweise der elektrochemischen Störspannung, können so eliminiert werden. Bei großen Periodendauern (330ms) des Stromrechtecksignals ist es zweckmäßig, eine weitere Abtastung nach dem Abklingen bzw. Umschalten des Spulenstromes vorzunehmen. Mit dem zusätzlichen Abtastwert kann durch Interpolation das Meßergebnis vom Fehlereinfluß einer evtl. Drift befreit werden [15] (Bild 4.1.2).

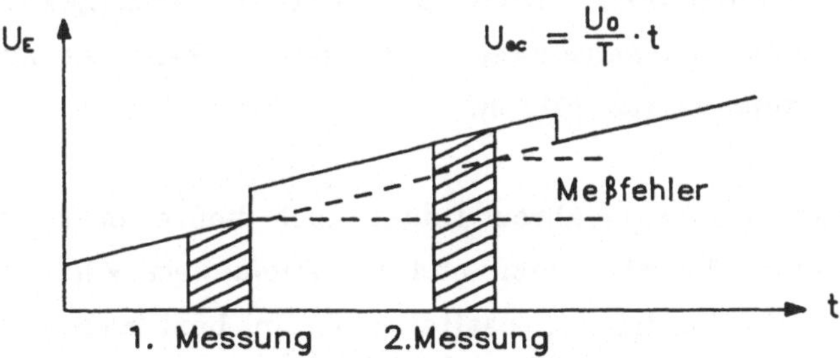

Bild 4.1.2: Driftbefreiung durch Interpolation

Der Einfluß der durch das öffentliche Stromversorgungsnetz verursachten Störspannungen läßt sich durch den Einsatz einer netzfrequenzsynchron gesteuerten Stromquelle und Abtastschaltung (beispielsweise 12.5 Hz in Europa) unterdrücken.

Dieses Verfahren hat sich seit seiner Einführung [12] durchgesetzt. Andere Verfahren verloren in den letzten Jahren deutlich an Bedeutung.

4.2 Sinusförmiges Wechselfeld

Zur Beseitigung des Einflusses der transformatorischen Störspannung, der Rauschspannung und der Drift auf das Meßergebnis benutzt man Synchrongleichrichter. In [25, 85] wird die Arbeitsweise dieser Gleichrichter mathematisch abgeleitet. Als Ergebnis ergibt sich der Zusammenhang

$$u_N = u_E \cdot \frac{2}{\pi} \cdot \cos\phi$$

Der Winkel ϕ gibt die Phasenverschiebung gegenüber dem Steuersignal, der Umpolspannung, des Synchrongleichrichters an, das phasengleich mit dem Nutzsignal sein muß. Ist die transformatorische Störspannung 90° phasenverschoben, ergibt sich kein Einfluß auf den Anzeigewert $\bar{u}_N$. In der praktischen Anwendung sind die Störspannungen meist nicht exakt 90° phasenverschoben. Gerade im Nullpunkt besitzt die Cosinus--Funktion die größte Steigung und damit eine entsprechend große Abhängigkeit. Diese Abweichungen führen zu Fehlern im Anzeigewert (vgl. Kapitel 3.2). Sind diese Phasenwinkel driftbehaftet, kann es zu Nullpunktfehlern des Anzeigewertes führen.

Dieses Meßwertverarbeitungsverfahren findet noch heute in Durchflußmeßgeräten Anwendung. Es wird nach und nach von dem Verfahren mit geschaltetem Gleichfeld verdrängt, besitzt aber in bestimmten Anwendungsfällen eine bessere Störunterdrückung in Bezug auf stochastische Störsignale.

4.3 Sinusförmiges Wechselfeld mit quasikonstanter Spulenstromamplitude

Wie beim geschalteten bzw. umgepolten Gleichfeld schon angemerkt, hängt die Amplitude der transformatorischen Störspannung entsprechend dem Induktionsgesetz direkt von der zeitlichen Änderung des meßwerterzeugenden Spulenstromes und damit der Flußdichte B, also dem dB(t)/dt, ab. Die schon beschriebenen Verfahren mit geschaltetem Gleichstrom besitzen hier prinzipiell große Vorteile. Launer beschreibt in [34] ein Verfahren mit einem sinusförmigen B-Feldverlauf in Abhängkeit von der Zeit, bei dem die Zeitspannen mit einem dB(t)/dt=0 durch eine Spitzenbegrenzung an Hand einer elektronischen Schaltung verlängert wurden. Zu diesen Zeiten nimmt entsprechend dem Induktionsgesetz die transformatorische Störspannung ähnlich wie bei dem geschalteten Gleichfeld den Amplitudenwert null an. Launer nennt hier zusätzlich den Vorteil der direkten Speisung dieser Anordnung aus dem Wechselstromversorgungsnetz. Sehr günstig wirkt sich hier die Phasenverschiebung von ca. 90° zwischen der transformatorischen Störspannung und der der mittleren Strömungsgeschwindigkeit proportionalen Spannung aus. Während die Störspannung zu null wird, nimmt die Nutzspannung ihr lokales Maximum in Bezug auf die mittlere Strömungsgeschwindigkeit an.

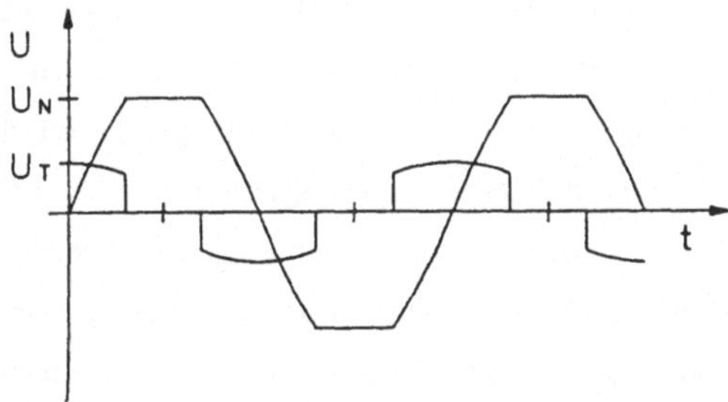

Bild 4.3.1: Wechselfeld nach [34]

Bild 4.3.1 zeigt die Verläufe von der Nutz- und der transformatorischen Störspannung unter der vereinfachenden Annahme, daß die beiden Spannungen wie beim idealen Durchflußmesser um 90° phasenverschoben sind. Zur schaltungstechnischen Realisierung dieses Stromverlaufs nennt Launer folgende Möglichkeiten:

- **Feldbeeinflussung durch Konstantstromregelung [28, 34]**
- **Feldbeeinflussung durch inverse Feldüberlagerung**
- **Feldbeeinflussung durch Stromüberlagerung von harmonischen Komponenten**
- **Feldbeeinflussung durch zeitweise Nullregelung der transformatorischen Störspannung**

Diese Verfahren dienen alle dazu, den aus dem öffentlichen Versorgungsnetz zur Verfügung stehenden Wechselstrom in seinem zeitlichen Amplitudenverlauf so zu beeinflussen, daß die transformatorische Störspannung für eine ausreichende Zeit zu Null wird. Diese Verfahren haben in der industriellen Meßtechnik keine größere Bedeutung erlangt.

4.4 Dreieckförmiger Feldverlauf

Die transformatorischen Störspannung kann auch durch Differenzbildung kompensiert werden. Dazu muß der Gradient des Stromes nach der Zeit eine Konstante annehmen. Ein dreieckförmiger Spulenstromverlauf erfüllt diese Bedingungen. Die transformatorische Störspannung nimmt entsprechend einen rechteckigen Verlauf in Abhängigkeit von der Zeit an. Diese konstante Störamplitude mit wechselndem Vorzeichen kann in der Meßwertverarbeitung berücksichtigt werden. Das Meßsignal wird beispielsweise kurz vor jedem lokalen Minimum und Maximum des Dreiecksignals abgetastet. In diesen Zeitpunkten darf die transformatorische Störspannung keinen Gradienten nach der Zeit aufweisen. Zur Beseitigung von Driften können ebenfalls interpolative Verfahren, wie beim geschalteten Gleichfeld, eingesetzt werden. Bedingung hierfür ist, daß zwischen den einzelnen dreieckförmigen Erregerstromverläufen Zeitpunkte ohne Spulenstrom auftreten.

Auch dieses Verfahren hat in der industriellen Meßtechnik keine größere Bedeutung erlangt. Die Realisierung von Stromreglern für induktive Lasten und Ströme mit konstanten Steigungen für diesen Anwendungsfall ist schwierig. Der Spulenstrom geht über die Induktion B direkt ins Meßergebnis ein. Jede Spulenstromabweichung muß erfaßt und in die Meßwertverarbeitung einbezogen werden.

4.5 Beurteilung der bekannten Verfahren

Die vorgestellten Verfahren benötigen entweder den direkten Netzanschluß zur Felderzeugung oder verfügen über eine gesteuerte Stromquelle zur Spulenstromerzeugung. Diese Verfahren, insbesondere die mit geschaltetem Gleichstrom oder Nullregelung der transformatorischen Störspannung mit Hilfe eines Fremdfeldes, sind sehr energieaufwendig. Eine Rückgewinnung der in der Spule gespeicherten Energie ist zwar denkbar, wird jedoch bei keinem der verfügbaren Geräte eingesetzt. Die bekannten Verfahren benutzen eine kontinuierliche Signalerzeugung. Dabei werden pro Periode des Spulenstromes ein oder zwei von der transformatorischen Störspannung befreite Abtastwerte erzeugt. Bei dieser Art der Meßwerterzeugung wird nur ein geringer Teil der im Meßsignal enthaltenen Information zur Bestimmung des Meßwertes ausgenutzt. Die gleitende Mittelwertbildung der Abtastwerte dient bei diesen Vefahren zur Verringerung der Einflüsse stochastischer Störsignale. Ein Meßwertverarbeitungsverfahren, das durch Überabtastung annähernd die gesamte in einem impulsförmigen Signal enthaltene Information zur Meßwertbildung ausnutzt, ermöglicht eine Reduzierung der Pulsfolgefrequenz. Eine bedeutend geringere Leistung zur Felderzeugung ist die Folge. In den folgenden Kapiteln wird dieser Ansatz weiter diskutiert.

Bestrebungen eines Herstellers [4], die Leistungsaufnahme des Meßgerätes mit geschaltetem Gleichfeld zu verringern, führten zur Reduzierung der Stromamplitude und zur Verbesserung der Verstärker in der Meßwerterfassungseinheit. Die konventionelle Art der Meßwertverarbeitung wurde jedoch beibehalten.

4.6 Leistungsaufnahme handelsüblicher Geräte

Im folgenden werden die Nennleistungen verschiedener magnetisch-induktiver Meßaufnehmer aufgelistet (Tabelle 4.6.1). Einige der Werte sind der Tabelle in [2], andere verschiedenen Prospekten der Hersteller [35] entnommen.

Bauart:	Leistungsaufnahme:	
Kurzkonstruktion	20..70 W	Konduktiver Signalabgriff
Innenspulen	80..200 W	
Flächenelektroden	20..70 W	
Scheibenkonstruktion	ca. 1..15 W	
Scheibenkonstruktion	ca. 10 W	Kapazitiver Signalabgriff

Tabelle 4.6.1: Nennleistungen der verschiedenen Konstruktionsformen induktiver Durchflußmesser

In [4] wird der energieoptimierte Meßaufnehmer von Endress und Hausser beschrieben. Der Meßaufnehmer ohne Anzeige- und Stromversorgungseinheit hat eine Leistungsaufnahme von ca. 0.5 W. Über den Leistungsbedarf der Anzeige- und Stromversorgungseinheit werden keine näheren Angaben gemacht. Tabelle 4.6.1 berücksichtigt diesen Leistungsanteil mit ca. 0.5 W.

Im folgenden Kapitel werden Ansätze zur Energieeinsparung bei der Meßwerterzeugung und -verarbeitung diskutiert.

5 Möglichkeiten der Energieeinsparung bei der magnetisch-induktiven Durchflußmessung

5.1 Gestaltung des Meßaufnehmers

5.1.1 Optimierungskriterien

5.1.1.1 Aus der Literatur bekannte Optimierungskriterien

Zur Optimierung magnetisch-induktiver Durchflußmeßgeräte sind aus der Literatur verschiedene Kriterien bekannt. Die wichtigsten Optimierungskriterien werden im folgenden kurz besprochen.

Shercliff schlug in [45] zur Bewertung magnetisch-induktiver Durchflußmeßaufnehmer die Empfindlichkeit S vor. Sie wurde von ihm für ein kreisrundes Rohr mit Punktelektroden und ein homogenes Magnetfeld mit unendlicher Ausdehnung in Rohrlängsrichtung wie folgt definiert

$$S = \frac{u_N}{D \cdot B \cdot \bar{v}} \tag{5.1.1}$$

Durch die Vorgabe der Geometrie des Meßrohrabschnittes ist in dieser Definition die Wertigkeit als skalare Funktion implizit enthalten. Die Wertigkeit beschreibt den Beitrag der einzelnen Strömungslinien bei der Bildung der Nutzspannung u_N. Die Empfindlichkeit S läßt sich somit auch wie folgt darstellen

$$S = \frac{\iint v(x,y) \cdot W(x,y)\ dxdy}{\iint v(x,y)\ dxdy} \tag{5.1.2}$$

W(x,y) ist die zweidimensionale Wertigkeitsfunktion in der Elektrodenebene, die rein geometrische Abhängigkeiten aufweist. Die Empfindlichkeit S diente Shercliff zur Bewertung der Einflüsse, die Änderungen des Strömungsprofils auf die Nutzspannung haben. Da er ein homogenes Magnetfeld voraussetzte, erscheint die magnetische Induktion B nicht mehr in dem Ausdruck für die Empfindlichkeit S. Schommartz leitet in [44] mit Hilfe des Greenschen Satzes der Potentialtheorie einen dreidimensionalen Wertigkeitsvektor für das kreisrunde Rohr her, der ebenfalls nur geometrische Abhängigkeiten aufweist. Er ermöglicht eine mathematische Berücksichtigung der Randeffekte, die z. B. durch eine endliche Magnetfeldlänge in Rohrlängsrichtung entstehen.

Bevir [3] erweiterte die von Shercliff vorgeschlagene Definition der Empfindlichkeit S Gl. 5.1.3 für seine theoretischen Untersuchungen um die Flußdichte **B** des magnetischen Feldes. Es bestand damit die Möglichkeit, inhomogene Magnetfelder in die zweidimensionalen theoretischen Betrachtungen einzubeziehen. Der von Bevir definierte virtuelle Strom **J** beinhaltet die Geometrie des Meßaufnehmers. Der Vektor **J** beschreibt das Stromdichtefeld, das in der Elektrodenebene entsteht, wenn ein Strom über die Elektroden durch den Meßaufnehmer fließt.

$$S = \frac{\iint (\mathbf{B} \times \mathbf{J})\, d\phi\, \bar{v}(r)\, dr}{\iint \bar{v}(r)\, dr} \qquad (5.1.3)$$

Das Kreuzprodukt definiert er, anders als Shercliff und Schommartz, als Wertigkeitsvektor, der in Gl. 5.1.4 als **W'** bezeichnet wird.

$$\mathbf{W}' = \mathbf{B} \times \mathbf{J} \qquad (5.1.4)$$

Bevir bewertete mit der Empfindlichkeit Meßaufnehmer mit Linienelektroden unterschiedlicher Länge und verschiedener Magnetfeldformen bei achsensymmetrischem Strömungsprofil. Als Bedingung für einen vom Strömungsprofil unabhängigen Meßaufnehmer gibt er Gl. 5.1.5 an.

$$\nabla \times \mathbf{W}' = 0 \qquad (5.1.5)$$

Engl [23] hat jedoch allgemein nachgewiesen, daß Gl. 5.1.5 für einen vorgegebenen Wertigkeitsvektor keine Lösungen bei kreisrundem Rohr und beliebigem Strömungsprofil besitzt. Es gibt kein physikalisch mögliches eben inhomogenes Magnetfeld, das bei beliebigem Geschwindigkeitsprofil eine durchflußproportionale Spannung liefert.

Hemp untersuchte in [27], welche Fehler im Meßergebnis magnetisch-induktiver Meßaufnehmer durch Strömungsprofiländerungen entstehen können, und wie sich diese durch konstruktive Maßnahmen vermeiden lassen. Er gibt eine numerische Methode zur Berechnung eines inhomogenen Magnetfeldes an, das eine Reduzierung dieses Fehlers ermöglicht. Hierzu geht er von dem schon vorgestellten Ansatz aus, daß der von Bevir [3] formulierte Wertigkeitsvektor **W'** einen möglichst konstanten

Betrag für alle Punkte in der Elektrodenebene annehmen soll. Zur Bewertung der Abweichungen vom Betrag von **W'** schlägt er die Wurzel aus dem zweiten zentralen Moment der Statistik vor, das er auf den Mittelwert einer begrenzten Anzahl über den Rohrquerschnitt verteilter repräsentativer Punkte normiert.

$$\varepsilon = \frac{\left[\frac{1}{45} \cdot \sum_{i=1}^{45} (W_i - \bar{W}') \right]^{\frac{1}{2}}}{\bar{W}'} \tag{5.1.6}$$

Um eine Reduzierung des numerischen Aufwandes zu erreichen, wählt er zur Mittelwertbildung 180 und zur Bewertung der Abweichung 45 repräsentative Punkte in der Elektodenebene aus.

$$\bar{W}' = \frac{1}{180} \cdot \sum_{i=1}^{180} W_i \tag{5.1.7}$$

Ein ähnliches Kriterium wird von Al-Kharazji und Baker in [32] zur Magnetfeldoptimierung eingesetzt. Dieses Kriterium baut jedoch auf das erste zentrale Moment der Statistik auf. Hemp setzt zusätzlich zur Bewertung der Meßergebnisse den von Clark und Wyatt [20] eingeführten Wirkungsgrad E magnetisch-induktiver Meßaufnehmer zur Durchflußmessung in abgeänderter Form ein. Dieser ist wie folgt definiert

$$E = \frac{S^2}{P} \tag{5.1.8}$$

S bezeichnet wie oben die Empfindlichkeit und P die in den Spulen entstehende Verlustleistung. Das ursprüngliche Kriterium von Clark und Wyatt [20] enthält zusätzlich im Nenner noch das Volumen des Meßaufnehmers als Faktor.

5.1.1.2 Diskussion der bekannten Optimierungskriterien

Vorgestellt wurden im vorhergehenden Kapitel Kriterien, die sich auf die Meßempfindlichkeit bzw. den Strömungsprofileinfluß und den Wirkungsgrad magnetisch-induktiver Meßaufnehmer zur Durchflußmessung beziehen. In obigen Kriterien finden Prozeßparameter, wie beispielsweise Temperatur oder Leitfähigkeit, keine Berücksichtigung. Wärmeeinflüsse können z. B. Veränderungen des Magnetfeldes verursachen, welche die Eigenschaften des Meßaufnehmers verschlechtern. Der von Shercliff für seine Berechnungen vorausgesetzte homogene Feldverlauf findet heute in der industriellen Gerätetechnik keine Anwendung mehr. Praktische Untersuchungen [42] haben ergeben, daß sich das homogene, das modifizierte und das wertigkeitsinverse Feld bezüglich ihrer Mittelungsfähigkeit kaum unterscheiden. Meßaufnehmer kleinerer Nennweiten werden heute mit Polschuhen aus hochpermeablem Material ausgerüstet, so daß die signalerzeugende Komponente der Induktion entlang der Elektrodenverbindungslinie von innen nach außen abnimmt. Diese Magnetfeldform ist angenähert wertigkeitsinvers. Die Ergebnisse der Untersuchungen bezüglich der Fehler, die durch die Verkürzung des Magnetfeldes in Rohrlängsrichtung entstehen können, führten zu wesentlich kürzeren Bauformen [44].

Von großer Bedeutung bei magnetisch-induktiven Meßaufnehmern ist die Amplitude des Nutzsignals u_N bei vorgegebener Induktion B. Je größer das Nutzsignal, desto größer die Auflösung. Nur nach der Empfindlichkeit beurteilt reicht es aus, die magnetische Induktion im Bereich der Elektroden, an denen die Wertigkeit W große Werte annimmt, zu vergrößern. Diese Maßnahme zieht aber eine starke Strömungsprofilabhängigkeit der Meßwerte nach sich. Optimiert man das Magnetfeld dahingehend, daß eine möglichst geringe Strömungsprofilabhängigkeit auch bei beliebigen Strömungsprofilen entsteht, sinkt die Nutzspannungsamplitude bis auf einen Bruchteil der Amplitude konventioneller Geräte [43]. Der Vorteil eines geringen Strömungseinflusses bedingt also einen höheren Spulenstrom, wenn die gleiche Nutzspannungsamplitude erreicht werden soll. Die für diesen in allen Komponenten näherungsweise wertigkeitsinversen Magnetfeldverlauf erforderlichen Feldspulen sind aufwendig in der Herstellung. Berechnungen der Spulengeometrie sind in [27] angegeben. In diesem Fall sinkt der von Clark und Wyatt definierte Wirkungsgrad [20, 43]. In Bezug auf eine Optimierung muß ein Kompromiß zwischen der Strömungsprofilabhängigkeit und der Empfindlichkeit gefunden werden. Dies ist mit den Angaben in [42] für die verschiedenen Anwendungsfälle möglich.

Die diskutierten Optimierungskriterien beziehen sich auf den mechanischen Aufbau des Meßaufnehmers. Unberücksichtigt bleibt das die Auflösung begrenzende Rauschen des Meßaufnehmers. Eine Reduzierung des Rauscheinflusses durch einen geeigneten Signalverarbeitungsalgorithmus ermöglicht die Verwendung eines Meßaufnehmers mit einem schlechteren Wirkungsgrad, aber einer geringeren Abhängigkeit von Strömungsprofiländerungen. Unter sonst gleichen Voraussetzungen können die Meßeigenschaften dieser Meßgeräte verbessert werden. Aus diesem Grunde ist es erforderlich, die an den Elektroden eines magnetisch-induktiven Meßaufnehmers auftretenden stochastischen Störungen in die Optimierungskriterien mit einzubeziehen.

5.1.2 Verlustleistung im Meßaufnehmer

5.1.2.1 Verlustleistung des Spuleninnenwiderstandes

In Abhängigkeit von dem zeitlichen Verlauf des Spulenstromes $i_S(t)$ ändert sich die am Innenwiderstand der Spule des Meßaufnehmers entstehende Verlustleistung. Sie soll für die gebräuchlichsten Signalformen und mit dem Innenwiderstand R_S der Spule als Parameter berechnet werden. Die Leistung P wird bestimmt durch

$$P = I_{Seff}^2 \cdot R_S$$

$$\text{wobei} \quad I_{Seff} = \sqrt{\frac{T}{2} \cdot \int_0^{T/2} I_S^2(t)\, dt} \quad \text{ist.} \tag{5.1.9}$$

Zuerst werden für die verschiedenen Zeitverläufe der Ströme $i_S(t)$ die Effektivwerte I_{Seff} berechnet und anschließend die entsprechenden Leistungen P.

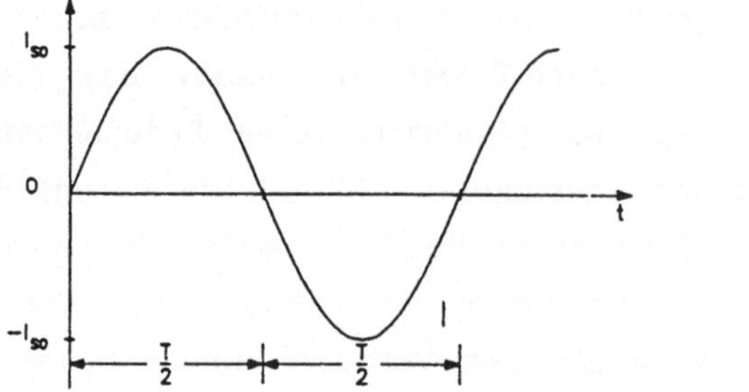

$$I_S(t) = I_{So} \cdot \sin\omega t$$

$$I_{Seff} = \frac{1}{\sqrt{2}} \cdot I_{So}$$

$$P = I_{So}^2 \cdot \frac{R_S}{2} \qquad (5.1.9a)$$

Bild 5.1.1: Sinusförmiger Spulenstromverlauf

$$I_S(t) = I_{So} \cdot \left\{ \left(\frac{4}{T} \cdot t - 1\right) \Big|_{0 \leq t < \frac{T}{2}} + \left(1 - \frac{4}{T} \cdot \left(t - \frac{T}{2}\right)\right) \Big|_{\frac{T}{2} \leq t < T} + \left(\frac{4}{T} \cdot (t - T) - 1\right) \Big|_{T \leq t \frac{3T}{2}} + \ldots \right\}$$

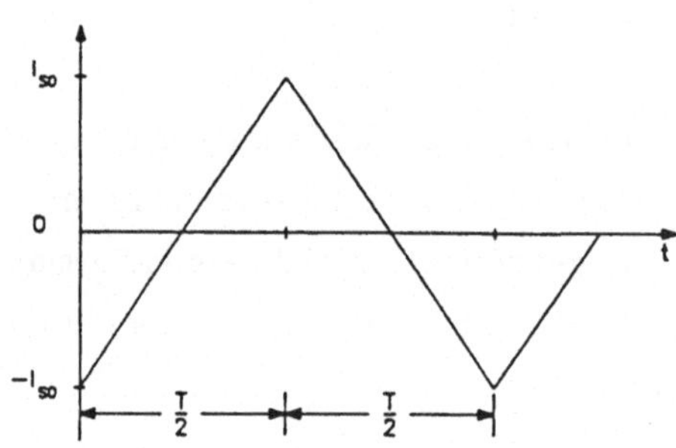

$$I_{Seff} = \frac{1}{\sqrt{3}} \cdot I_{So}$$

$$P = I_{So}^2 \cdot \frac{R_S}{3} \qquad (5.1.9b)$$

Bild 5.1.2: Dreieckförmiger Spulenstromverlauf

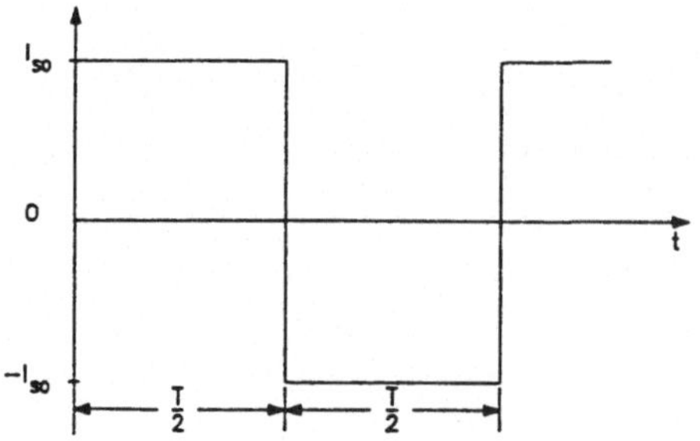

$$I_S(t) = I_{So} \cdot \left\{ (1) \Big|_{0 \leq t < \frac{T}{2}} + (-1) \Big|_{\frac{T}{2} \leq t < T} + \ldots \right\}$$

$$I_{Seff} = I_{So}$$

$$P = I_{So}^2 \qquad (5.1.9c)$$

Bild 5.1.3: Geschalteter Gleichstrom

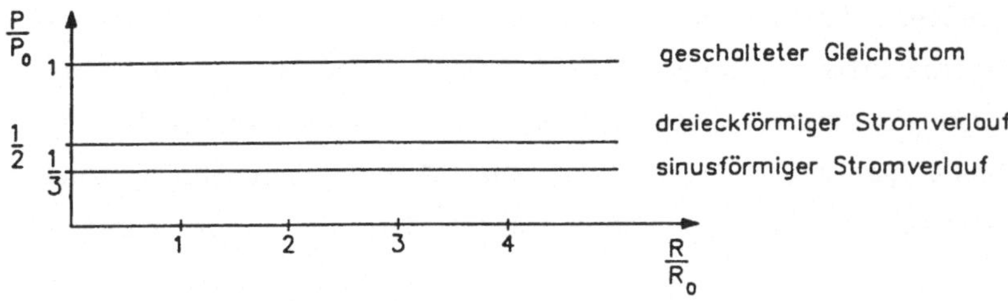

Bild 5.1.4: Gegenüberstellung der normierten Verlustleistungen

Bild 5.1.4 zeigt die Verlustleistung P normiert auf die Verlustleistung P_0, die bei Gleichstromspeisung entstehen würde, in Abhängigkeit von der relativen Widerstandsänderung R/R_0.

Als Beispiel zur Berechnung der Verlustleistungen soll nach [47] eine Nennweite D = 25mm, ein Spulenwiderstand R_S = 70Ω und die Stromamplitude I_{S0} = 125mA angenommen werden. Die Verlustleistung beträgt dann beim geschalteten Gleichfeld ca. 1.1W. Diese Leistung könnte durch den Einsatz eines Kupferdrahtes, dessen Durchmesser um 41% größer ist als der herkömmliche bei gleicher Windungszahl schon auf die Hälfte reduziert werden. In diesem Punkt besteht bei handelsüblichen Meßaufnehmern auch bei Berücksichtigung der Gehäuseanforderungen noch Spielraum. Für die Spulen der Meßaufnehmer verschiedener Nennweiten verwenden die Hersteller oft Kupferdrähte mit gleichem Querschnitt, aber unterschiedlicher Windungszahl.

Zusätzliche Verluste, die auf Grund der Verringerung des wirksamen Leiterquerschnitts durch den Skineffekt entstehen, sind bei den heute üblichen Leiterquerschnitten und Frequenzen vernachlässigbar.

5.1.2.2 Wirbelstromverluste

Ein großer Teil der Meßaufnehmer zur magnetisch-induktiven Durchflußmessung wird heute mit Meßrohrabschnitten aus Al_2O_3 und eingesinterten Platinelektroden ausgerüstet. Somit entstehen Wirbelstromverluste nur noch im magnetischen Rückschlußblech. Um diese Verluste zu reduzieren, müßten keramische Magnetwerkstoffe eingesetzt werden. Die Materialeigenschaften dieser Werkstoffe lassen sie zum Einsatz in solchen Meßaufnehmern, insbesondere aus fertigungstechnischen Gründen, nur schlecht geeignet erscheinen. Die Wirbelstromverluste für dünne Bleche betragen gemäß der Ableitung in [75] für einen sinus-förmigen Wechselfluß

$$P_\omega = \omega^{\frac{3}{2}} \cdot d \cdot \sqrt{\frac{\chi}{32\mu}} \cdot B_{max} \cdot V \qquad (5.1.10)$$

unter der Bedingung, daß das Produkt

$$d \cdot \sqrt{\frac{\chi \cdot \mu . \omega}{2}} > 1$$

ist. In den Formeln bedeutet d die Blechdicke und V das Blechvolumen des vom Wirbelstrom durchsetzten Rückschlußbleches. Die hyperbolische Verteilung des Wechselflusses und der Wirbelstromdichte G über die Querschnittsfläche sind in der Ableitung berücksichtigt worden. Die Interpretation von Gl. 5.1.10 ergibt, daß die Wirbelstromverluste mit $(\omega^{3/2} \cdot d)$ wachsen. Rückschlußbleche und Erregerfrequenz sollten also diesen Bedingungen angepaßt werden. Bei sehr kleinen Frequenzen (<10Hz) wachsen die Wirbelstromverluste sogar mit dem Quadrat der Blechdicke d. Für diesen Frequenzbereich ist es sinnvoll, die Bleche gegeneinander isoliert zu schichten, wie es bei Transformatoren üblich ist.

Die theoretische Ableitung liefert nach [70] zu kleine Werte für die Wirbelstromverluste. Da aber für die verschiedenen magnetischen Materialien, die in magnetisch-induktiven Meßaufnehmern eingesetzt werden, keine ausreichenden Materialspezifikationen zur Verfügung stehen, soll mit den Ergebnissen dieser Ableitung und den angenommenen Materialkenndaten eine Näherungslösung bestimmt werden. Die im Kapitel 5.1.2.1 berücksichtigten Spulenstromverläufe führen auf Grund ihrer unterschiedlichen spektralen Amplitudenverteilung auch zu unterschiedlichen Spektralverteilungen des resultierenden B-Feldverlaufs. Hieraus entstehen zwangsläufig unterschiedliche Wirbelstromverluste.

Nach [70] lassen sich die Wirbelstromverluste der unterschiedlichen Feldverläufe bezogen auf die Verluste bei sinusförmigem Feldverlauf, unter der Voraussetzung gleicher Frequenz, wie folgt angeben.

Dreieckförmiger Feldverlauf:

$$\frac{P_{WD}}{P_{WS}} = \frac{32}{3\pi^2}$$

Getaktetes Gleichfeld:

$$\frac{P_{WG}}{P_{WS}} = \frac{8}{\pi^2}$$

Mit den Gehäuseabmessungen für den Meßaufnehmer [47] Nennweite D=25mm und den Annahmen χ=10m/mm², μ_r=500 und einer Luftspaltinduktion von ca. +/- 40mT bei geschaltetem Gleichfeld mit einer Frequenz von 12.5Hz ergibt sich eine Wirbelstromverlustleistung von ca. 6mW.

5.1.2.3 Hystereseverlustleistung

Die Umrichtung einzelner Moleküle magnetisch leitender Werkstoffe durch ein magnetisches Wechselfeld erfordert für jede Periode einen werkstoffspezifischen Energiebetrag. Er wird als Wärmeenergie pro Periode freigesetzt und führt zur Erwärmung des Werkstoffes bzw. des Meßaufnehmers. Nach [75] läßt sich die mittlere Verlustleistung als

$$P_H = f \cdot V \cdot \int_0^{2B_{max}} H(B)\, dB \qquad (5.1.11)$$

angeben. In dieser Gleichung stellt das Integral die von der Hysteresiskurve H(B) eingeschlossene Fläche dar, während f die Frequenz und V das flußdurchsetzte Werkstoffvolumen repräsentieren. Das Integral kann über eine Näherung der Hysteresiskurve durch ein Polynom gelöst werden. Leider sind die von den Herstellern der magnetisch-induktiven Meßaufnehmer angegebenen Materialdaten über die verwendeten Kernwerkstoffe sehr unpräzise, so daß der Einfluß auf die Gesamtverlustleistung ebenfalls nur größenordnungsmäßig bestimmbar ist. Die Hystereseverlustleistung liegt demnach in der gleichen Größenordnung wie die Wirbelstromverluste. Beide Verlustleistungen sollen in der Summe für die weiteren Betrachtungen zu etwa 10mW abgeschätzt werden.

5.1.3 Die Verkleinerung des Luftspaltes im Eisenschluß

In der Offenlegungsschrift [39] wird zur Verringerung des Luftspaltes ein zylinderförmiger Körper aus einem magnetisch leitenden Material mit einer hohen relativen Permeabilitätszahl für Rohre größerer Nennweiten vorgeschlagen, dessen Endstücke strömungsgünstig ausgeformt sind (Bild 5.1.5).

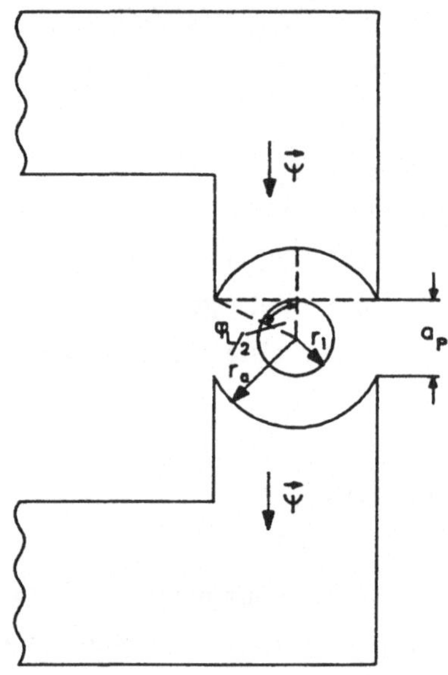

Bild 5.1.5: MID mit kreisrundem, verengtem Querschnitt

Setzt man in Bezug auf eine maximale Nutzspannung voraus, daß die Leitfähigkeit dieses Einsatzes annähernd gleich der des Mediums ist, läßt sich die Nutzspannung, unter der Bedingung eines konstanten Spulenstromes I_S wie im folgenden abgeleitet, berechnen. Die Verkleinerung der Querschnittsfläche des durchströmten Rohres in Abhängigkeit von den Radien r_i und r_a ergibt sich zu

$$A = 2 \cdot \pi \cdot (r_a^2 - r_i^2) . \quad (5.1.12)$$

Durch diese Maßnahme erreicht man mit einer nur geringfügigen Verengung des Strömungsquerschnittes eine deutliche Verkleinerung des Luftspaltes l_L im Meßaufnehmer.

Die so bedingte Leistungsersparnis bei der Felderzeugung soll im folgenden in Abhängigkeit von der Luftspaltlänge näherungsweise berechnet werden. Hierbei werden die Randfelder vernachlässigt und ein radialer Feldlinienverlauf angenommen. Nach dem Durchflutungssatz gilt:

$$\int H\, ds = \Theta = I_S \cdot W = \frac{B_R}{\mu_R} \cdot l_R + \frac{B_{Lm}}{\mu_L} \cdot l_L \qquad (5.1.13)$$

Hierin bedeuten B_R die Induktion im magnetischen Rückschluß und B_{Lm} die mittlere Luftspaltinduktion. Der Verlauf der Luftspaltinduktion ergibt sich in Abhängikeit vom Radius r zu

$$B_L = \frac{B_{Lo}}{r} \cdot r_a \qquad (5.1.14)$$

B_{Lo} stellt die Induktion unmittelbar an der gekrümmten Fläche des Polschuhes dar. Aus der Geometrie der Anordnung läßt sich das Verhältnis von B_{Lo}/B_R angeben

$$\frac{B_{Lo}}{B_R} = \frac{\Phi_L}{\sin(\Phi_L/2)} \qquad (5.1.15)$$

Die mittlere Luftspaltinduktion berechnet sich aus Gl. 5.1.14 zu

$$B_{Lm} = \frac{1}{r_a - r_i} \cdot \int_{r_i}^{r_a} \frac{B_{Lo} \cdot r_a}{r}\, dr = \frac{r_a \cdot B_{Lo}}{r_a - r_i} \cdot \ln\left(\frac{r_a}{r_i}\right) \qquad (5.1.16)$$

Setzt man das Ergebnis in Gl. 5.1.13 ein, so erhält man unter Berücksichtigung von Gl. 5.1.15 den Spulenstrom I_S in Abhängigkeit von den geometrischen Abmessungen.

$$I_S = \frac{B_R}{W} \cdot \left[\frac{l_r}{\mu_r} + \frac{\Phi_l}{\mu_o \cdot \sin(\Phi_L/2)} \cdot 2 \cdot r_a \cdot \ln\left(\frac{r_a}{r_i}\right)\right] \qquad (5.1.17)$$

Für große μ_r besteht bei Anordnungen nach Bild 5.1.5 in erster Näherung eine Proportionalität zwischen dem Spulenstrom I_S und dem Ausdruck $r_a \cdot \ln(r_a/r_i)$. Hieraus ergibt sich für die erforderliche Leistung unter der Bedingung des Gleichfeldes und unter Berücksichtigung des Spulenwiderstandes R_S folgender Zusammenhang

$$P = \left[2 \cdot \frac{B_R}{W} \cdot \frac{\Phi_l}{\mu_0 \cdot \sin(\Phi_L/2)} \cdot r_a \cdot \ln\left(\frac{r_a}{r_i}\right) \right]^2 \cdot R_S \quad (5.1.18)$$

Geht man nicht vom Gleichfeld aus, so müssen noch die Wirbelstrom- und die Hystereseverluste berücksichtigt werden.

Nach dem Kontinuitätsgesetz der Strömungslehre für inkompressible Medien ist noch der Zusammenhang

$$A_1 \cdot \bar{v}_1 = A_2 \cdot \bar{v}_2 \quad (5.1.19)$$

zu berücksichtigen. A_1 und A_2 stellen die beiden Querschnitte mit und ohne Verengungsstelle des Meßrohres dar. Im Verengungsbereich wird die Strömungsgeschwindigkeit auf den Betrag $\bar{v}_1$ ansteigen.

$$\bar{v}_1 = \bar{v}_2 \cdot (A_2/A_1) \text{ wenn gilt } A_2 > A_1 \quad (5.1.20)$$

Bei gleichem Volumenstrom ist also eine höhere Nutzspannung u_N an den Elektroden eines konventionellen Meßaufnehmers mit kleinerem Querschnitt zu messen, wenn der räumliche Verlauf der magnetischen Induktion in beiden Meßaufnehmern gleich ist.

Unberücksichtigt blieb bis jetzt noch der Einfluß des radialen Feldverlaufs auf die Nutzspannungsbildung. Berücksichtigt man die Wertigkeitsverteilung, so ist zu erwarten, daß das Nutzsignal in Bezug auf das Nutzsignal bei einem homogenen Magnetfeld im gesamten Meßrohrabschnitt kleiner werden muß. Der Elektrodenbereich mit einer hohen Wertigkeit, also einem großen Nutzspannungsbeitrag, wird nur vom Streufluß durchsetzt.

Zur Berechnung dieses Zusammenhanges wird auf Gl. 2.3.3 zurückgegriffen,

$$u_N = \int_0^{r_a} \int_0^{2\pi} (B_x \cdot W_y^{(2)} - B_y \cdot W_x^{(2)}) \cdot v_z(r) \cdot r \cdot d\phi \cdot dr \quad (5.1.21)$$

jedoch unter der einschränkenden Bedingung, daß die Wertigkeit zweidimensional betrachtet wird. Nach den Ableitungen in [44] und Abschnitt 2 ist dieses zulässig wenn das Magnetfeld in z-Richtung entlang des Rohres so gestaltet wird, daß nur ein geringer Meßfehler entsteht. Das bedeutet in der Praxis eine Länge des Magnetfeldes von ca. dem 1.5 fachen Rohrdurchmesser. Diese Ergebnisse wurden von Ketelsen und Appel [31] durch Messungen bestätigt. In Gl. 5.1.22 und Gl. 5.1.23 sind die zweidimensionalen Wertigkeitsverteilungen als Fourierreihen dargestellt.

$$W_x^{(2)} = \frac{2}{\pi \cdot r_a} \cdot \sum_{n=0}^{\infty} \left(\frac{r}{r_a}\right)^{2n} \cdot \cos(2 \cdot n \cdot \phi) \qquad (5.1.22)$$

$$W_y^{(2)} = \frac{2}{\pi \cdot r_a} \cdot \sum_{n=0}^{\infty} \left(\frac{r}{r_a}\right)^{2n} \cdot \sin(2 \cdot n \cdot \phi) \qquad (5.1.23)$$

Der Betrag der Induktion B ergibt sich nach Gl. 5.1.14 zu

$$B(r) = B_{1o} \cdot \phi \cdot \frac{r_a}{r} \qquad r_a \geq r > 0$$

Der Winkel ϕ beschreibt in Bogenmaß die Länge des Polschuhes am Rohrrand und damit den Abstand des Randfeldes zu den Elektroden. Berücksichtigt werden bei der Berechnung nur Polschuhanordnungen, bei denen die radialen Feldanteile bei der Nutzspannungsbildung dominieren. Für den kleinsten Kantenabstand ap (vgl. Bild. 5.1.5) gilt dann

$$a_p = 2 \cdot r_a \cdot \cos\frac{\phi}{2} > 2 \cdot (r_a - r_i). \qquad (5.1.24)$$

$$r_i > r_a - r_a \cdot \cos\frac{\phi}{2}$$

In der Gleichung sind ebenfalls Bedingungen für den maximalen Innenradius r_i enthalten. Die Nutzspannung u_N wird durch Aufteilung des Integrals Gl. 5.1.21 in die Teilintegrale Gl. 5.1.25 und Gl. 5.1.26 und unter der Annahme eines rotationssymmetrischen $\bar{v}$ berechnet. Die Strömungsgeschwindigkeit kann bei der Integration über ϕ vorgezogen werden. Entsprechend den praktischen Gegebenheiten industrieller Meßaufnehmer wird

$$\frac{\pi}{4} < \phi < \frac{3\pi}{4}$$

gewählt. Die Integration wird auf den oberen Halbkreis beschränkt und das Ergebnis mit 2 multipliziert. Für den ersten Teil des Ausdruckes unter dem Integral in Gl. 5.1.21 ergibt sich

$$\bar{v}_1 \cdot r \cdot \int_{\frac{\pi}{4}}^{\frac{3\pi}{4}} B_x \cdot W_y \, d\phi \qquad (5.1.25)$$

$$= -\frac{\bar{v}_1 \cdot B_{1n}}{\pi} \cdot \sum_{n=0}^{\infty} \left(\frac{r}{r_a}\right)^{2n} \cdot \int_{\frac{\pi}{4}}^{\frac{3\pi}{4}} \phi \cdot (\sin(2n-1)\phi + \sin(2n+1)\phi) \, d\phi$$

$$= -\frac{\bar{v}_1 \cdot B_{1n}}{\pi} \cdot \sum_{n=0}^{\infty} \left(\frac{r}{r_a}\right)^{2n} \cdot \left[\frac{\sin(2n-1)\phi}{(2n-1)^2} - \frac{\phi \cdot \cos(2n-1)\phi}{(2n-1)} + \frac{\sin(2n+1)\phi}{(2n+1)^2} - \frac{\phi \cdot \cos(2n+1)\phi}{(2n+1)}\right]_{\frac{\pi}{4}}^{\frac{3\pi}{4}}$$

Für den zweiten Teil des Ausdruckes unter dem Integral in Gl. 5.1.21 ergibt sich

$$\bar{v}_1 \cdot r \cdot \int_{\frac{\pi}{4}}^{\frac{3\pi}{4}} B_y \cdot W_x \, d\phi \qquad (5.1.26)$$

$$= +\frac{\bar{v}_1 \cdot B_{1n}}{\pi} \cdot \sum_{n=0}^{\infty} \left(\frac{r}{r_a}\right)^{2n} \cdot \int_{\frac{\pi}{4}}^{\frac{3\pi}{4}} \phi \cdot (\sin(2n+1)\phi - \sin(2n-1)\phi) \, d\phi$$

$$= +\frac{\bar{v}_1 \cdot B_{1n}}{\pi} \cdot \sum_{n=0}^{\infty} \left(\frac{r}{r_a}\right)^{2n} \cdot \left[\frac{\sin(2n+1)\phi}{(2n+1)^2} - \frac{\phi \cdot \cos(2n+1)\phi}{(2n+1)} - \frac{\sin(2n-1)\phi}{(2n-1)^2} + \frac{\phi \cdot \cos(2n-1)\phi}{(2n-1)}\right]_{\frac{\pi}{4}}^{\frac{3\pi}{4}}$$

Die Nutzspannung mit dem verengenden Zusatzteil u_{NZ} ergibt sich aus dem Integral über der Differenz der Teilausdrücke

$$u_{NZ} = 2 \cdot \int_0^{r_a} r \cdot \bar{v}_1 \cdot \left[\int_0^{2\pi} B_x \cdot W_y^{(2)} d\phi - \int_0^{2\pi} B_y \cdot W_x^{(2)} d\phi \right] dr \qquad (5.1.27)$$

Setzt man die Ergebnisse aus Gl. 5.1.25 und Gl. 5.1.26 unter Berücksichtigung der Grenzen ein, erhält man

$$u_{NZ} = \frac{4 \cdot B_{Lo}}{\pi} \cdot \int_{r_i}^{r_a} \bar{v}_1 \cdot \left[\sum_{n=0}^{\infty} \left(\frac{r}{r_a}\right)^{2n} \cdot \left[\frac{\phi \cdot \cos(2n+1)\phi}{(2n+1)} - \frac{\phi \cdot \sin(2n+1)\phi}{(2n+1)^2} \right] \right]_{\frac{\pi}{4}}^{\frac{3\pi}{4}} dr \qquad (5.1.28)$$

Zum Vergleich des Ergebnisses mit dem für das homogene Feld und nicht verengtem Querschnitt in [44] wird zusätzlich ein ebenes Strömungsprofil angenommen

$$u_{NZ} = \frac{4 \cdot B_{Lo}}{\sqrt{2}} \cdot \bar{v}_1 \cdot \left[-(r_a - r_i) + \frac{r_a^3 - r_i^3}{9 \cdot r_a^2} + \frac{r_a^5 - r_i^5}{25 \cdot r_a^4} - \frac{r_a^7 - r_i^7}{49 \cdot r_a^6} - \frac{r_a^9 - r_i^9}{81 \cdot r_a^8} + - \ldots \right]$$

(5.1.29)

Berücksichtigt man nun noch die (Gl. 5.1.19), ergibt sich

$$u_{NZ} = \frac{4 \cdot B_{Lo}}{\sqrt{2}} \cdot \bar{v}_2 \cdot \frac{A_2}{A_1} \cdot \left[-(r_a - r_i) + \frac{r_a^3 - r_i^3}{9 \cdot r_a^2} + \frac{r_a^5 - r_i^5}{25 \cdot r_a^4} - \frac{r_a^7 - r_i^7}{49 \cdot r_a^6} - \frac{r_a^9 - r_i^9}{81 \cdot r_a^8} + - \ldots \right]$$

(5.1.30)

Diesem Ergebnis wird das Ergebnis nach [44] für das homogene Feld der Induktion B_{Lo} und einem Rohrquerschnitt A_1 gegenübergestellt

$$u_N = 2 \cdot B_{Lo} \cdot \bar{v}_2 \cdot \frac{A_2}{A_1} \cdot r_r \qquad (5.1.31)$$

Berechnet man den Radius für einen konventionellen Durchflußmesser dieses Meßprinzips

$$r_r = \sqrt{r_a^2 - r_i^2} = \sqrt{\frac{A_1}{\pi}} \qquad (5.1.32)$$

Setzt man dieses Ergebnis in Gl. 5.1.27 ein, erhält man

$$u_N = 2 \cdot B_{Lo} \cdot \bar{v}_2 \cdot \frac{A_2}{A_1} \cdot \sqrt{\frac{A_2}{\pi}} = 2 \cdot B_{Lo} \cdot \bar{v}_2 \cdot \frac{A_2}{\sqrt{\pi \cdot A_1}} \qquad (5.1.33)$$

Das Nutzsignal u_N ist unter Verwendung des kleinstmöglichen r_i um ca. 30% größer als bei konventionellen Meßaufnehmern. Die Zusatzeinbauten führen jedoch zum Verlust der maßgeblichen Vorteile des magnetisch--induktiven Meßverfahrens. Die in die Strömung ragenden Teile sind dem Verschleiß durch die ständige Anströmung unterworfen. Mit der Änderung ihrer geometrischen Form ist eine entsprechende Änderung des Meßeffektes zu erwarten. Eine Neukalibration ist in Abhängigkeit vom Feststofftransport in der Flüssigkeit in entsprechenden Zeitabständen erforderlich. Durch die Einengung des Strömungsquerschnittes ist der Einsatz zur Durchflußmessung von inhomogenen Medien mit Feststoffanteilen, wie sie in der Nahrungsmittelindustrie vorkommen, kritisch. Die Feststoffanteile können zu Verstopfungen führen, die Druck- und somit Strömungsgeschwindigkeitsschwankungen zur Folge haben. Dies kann zu einem erhöhten Meßfehler führen. Die aufgezeigten Nachteile wiegen den Vorteil einer besseren Empfindlichkeit S nicht auf.

5.1.4 Permanentmagnetkreise

Der Einsatz von Permanentmagneten hoher Energiedichte, wie beispielsweise Sm_2Co_{17} Permanentmagneten, ist nur in einigen Spezialfällen möglich. Einer dieser Spezialfälle ist die Strömungsgeschwindigkeitsmessung von flüssigen Metallen. Bei geeigneter Wahl des Elektrodenmaterials treten keine störenden, quasistatischen Potentiale auf. Die Messung kann mit einem stationären Gleichfeld erfolgen. Einen weiteren Spezialfall stellt die Strömungsgeschwindigkeitsmessung ionenleitender Fluide in Rohrleitungen bei chargenweisem Transport dar, wie er beispielsweise in Kaffeeautomaten erfolgt. Die Strömungsgeschwindigkeit nimmt zu definierten á priori bekannten Zeitpunkten den Betrag null an, so ist es für die Meßwerterfassungseinheit möglich Referenzwerte zu messen und den Gradienten der zu kompensierenden elektrochemischen Störspannung zu bestimmen. Eine wesentliche Bedingung für einen kleinen Meßfehler bei diesem Verfahren stellt ein möglichst geringer Zeitabstand zwischen zwei Zeitpunkten, zu denen die Strömungsgeschwindigkeit $\bar{v} = 0$ ist, dar. Transformatorische und kapazitive Störspannungen treten bei einer solchen Anordnung nicht auf. Bei diesem Anwendungsfall ist der zu erreichende Betrag der Flußdichte **B** abhängig von der Größe des Luftspaltes, also des Rohrdurchmessers und der geometrischen Form des Magneten bzw. seiner chemischen Zusammensetzung.

In einer anderen Anwendung wurde ein rotierender Permanentmagnet zur Erzeugung eines Wechselfeldes vorgeschlagen. Dieses mechanisch aufwendige Verfahren soll hier nicht weiter untersucht werden.

5.1.5 Gemischt-magnetische Kreise

Unter gemischt-magnetischen Kreisen versteht man Magnetsysteme, die sowohl Dauermagnete als auch Spulen enthalten. Heute werden diese Anordnungen beispielsweise in Fehlerstromschutzschaltern, Magnetventilen und Relais eingesetzt [70, 73]. Zur Energieeinsparung bei der magnetisch-induktiven Durchflußmessung sind diese Magnetsysteme aufgrund der starken Scherung der B(H)-Kennlinien der Permanentmagnete durch den großen Luftspalt ungeeignet.

5.1.6 Die im Magnetfeld der Spule des Meßaufnehmers gespeicherte Energie

Die im magnetischen Feld einer Spule gespeicherte Energie läßt sich unter der Voraussetzung einer konstanten Induktivität L durch die Gleichung

$$W_M = \int_0^{i_S(t)} L \, di = \frac{L \cdot i_S(t)}{2} = \frac{\psi(t) \cdot i_S(t)}{2} \tag{5.1.34}$$

ausdrücken. Der Betrag der gespeicherten Energie ist proportional dem Quadrat des Stromes $i_S(t)$. Bei periodischen Spulenströmen mit der Amplitude I_{So} wird während jeder Periode der Energiebetrag

$$W_{MSo} = I_{So}^2 \cdot L \tag{5.1.35}$$

in Wärme umgewandelt. Das geschieht üblicherweise durch Freilaufnetzwerke wie in Bild 5.1.6 dargestellt oder durch die Spulenstromregeleinrichtungen.

In Abhängigkeit von der Frequenz ensteht also an der Leistungselektronik eine zusätzliche mittlere Verlustleistung

$$P_M = f \cdot I_{So}^2 \cdot L, \tag{5.1.36}$$

die sich für das Beispiel in 5.1.2.1 zu P_M = 195.3mW berechnet. Diese Verlustleistung ist unabhängig von dem zeitlichen Verlauf des Spulenstroms.

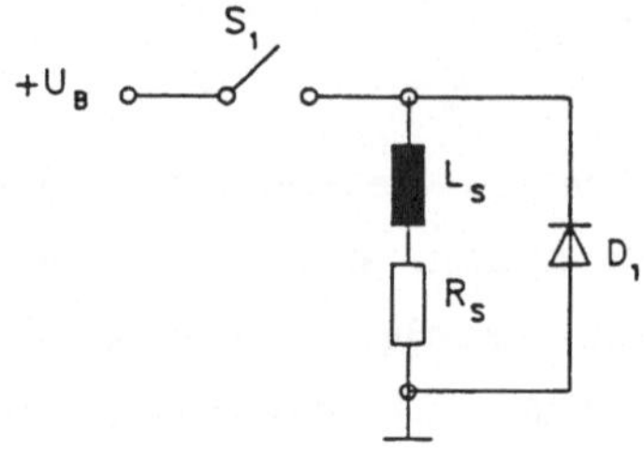

Bild 5.1.6: Freilaufnetzwerk

Eine sehr einfache Anordnung zur Rückgewinnung der im Magnetfeld gespeicherten Energie stellt ein Schwingkreis dar. Setzt man die Induktivität der Spule des Meßaufnehmers zusammen mit der Kapazität eines Kondensators als frequenzbestimmende Glieder eines Oszillators oder eines passiven Schwingkreises ein, so kann die im Magnetfeld gespeicherte Energie zurückgewonnen werden.

In den Offenlegungsschriften [37, 38] wird der Einsatz eines gesteuerten Schwingkreises zur Verkürzung der Einschwingzeit des Spulenstromes beim Meßverfahren mit geschaltetem Gleichfeld beschrieben.

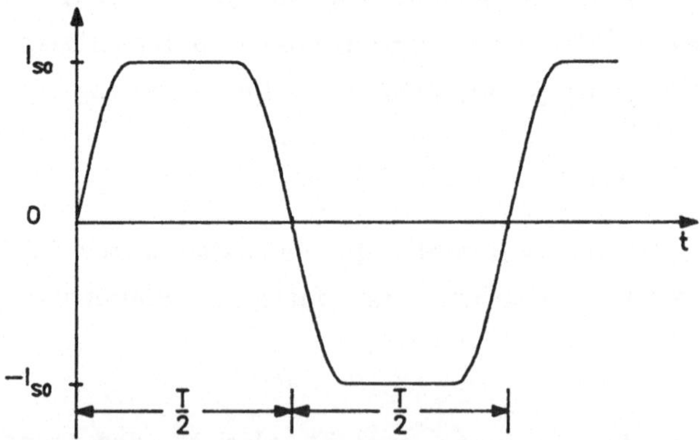

Bild 5.1.7: Stromverlauf beim geschalteten Gleichfeld mit Schwingkreisapplikation

Der gesteuerte Schwingkreis ermöglicht den Umschwingvorgang vom positiven zum negativen Maximalwert des Spulestromes und umgekehrt in der durch die Hälfte der Periodendauer festgelegten Zeit. Nach dem Umschwingvorgang hält eine Regeleinrichtung den Spulenstrom für die erforderliche Meßzeit konstant auf dem Betrag der Amplitude I_{so}. Wesentlich energiegünstiger läßt sich eine Schaltungsanordnung gestalten, wenn man auf die Zeiten mit konstantem $i_S(t)$ verzichtet und zur Meßwerterfassung nur den Umschwingvorgang in einem gesteuerten Schwingkreis (Bild 5.1.8 und 5.1.9) ausnutzt. Nach dem Schließen des Schalters S_1 wird der Kondensator C durch die Spannungsquelle aufgeladen. Dann öffnet sich S_1 und S_2 schließt sich.

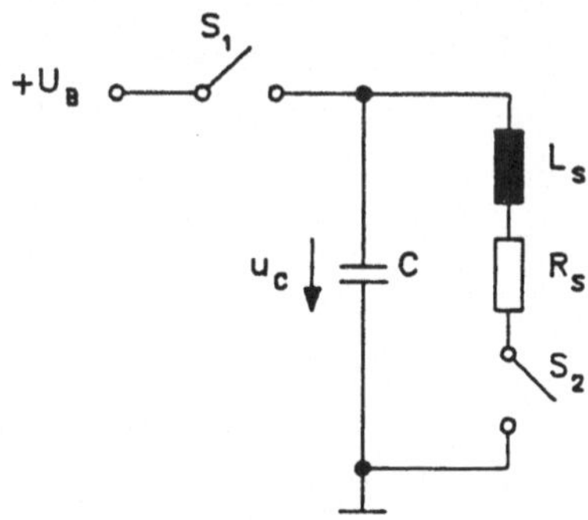

Bild. 5.1.8: Prinzipschaltung eines gesteuerten Schwingkreises

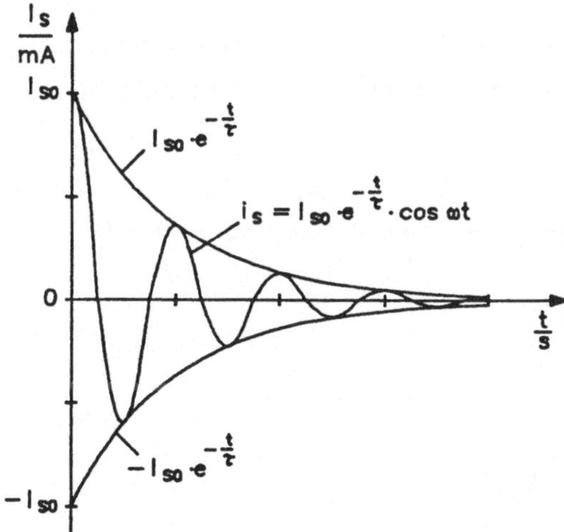

Bild 5.1.9: Gedämpfte Schwingung

Der Schwingkreis führt eine gedämpfte Schwingung aus, bis die im Kondensator gespeicherte Energie vollständig in Wärmeenergie umgewandelt ist. Es ist vorteilhaft, diese Schwingung nach einer Periode zu unterbrechen. Die Kondensatorspannung hat dann die gleiche Polarität wie zu Beginn des Umschwingvorganges. Der Kondensator kann durch Schließen des Schalters S_1 nachgeladen werden. Durch den Einsatz eines Thyristors als Schaltelement kann der Schaltungs- und Steuerungsaufwand minimiert werden. Mit jeder zusätzlichen Halbwelle erhöht sich jedoch die Verlustleistung am Dämpfungswiderstand des Schwingkreises. Dieser Widerstand setzt sich aus dem Spulenwiderstand R_S und dem Widerstand des Schaltelementes R_{Sch} zusammen. Sie bestimmen die Güte des Schwingkreises Q, da die Induktivität L und die Kapazität C durch die erforderliche magnetische Induktion im Meßaufnehmer, die maximal zur Verfügung stehende Versorgungsspannung U_B und die Kreisfrequenz festgelegt sind. Das ist aus der Energiebilanz im Schwingkreis und aus der Formel für die ungedämpfte Kreisfrequenz ω_0 ersichtlich.

$$Q = Zo/(R_S+R_{Sch}); \; Z_0 = L/C; \qquad (5.1.37)$$

$$W_L = L \cdot I^2/2; \; W_C = C \cdot U^2/2; \qquad (5.1.38)$$

$$C = L \cdot \frac{I^2}{U^2}; \; \omega_0 = \frac{1}{\sqrt{L \cdot C}}; \qquad (5.1.39)$$

Die Ausnutzung eines Teils des Umschwingvorganges erfordert einen wesentlich höheren Aufwand an Steuerlogik und elektronischen Schaltern.

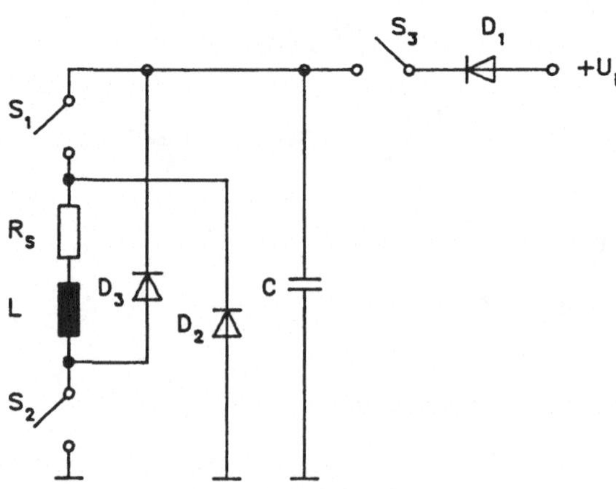

Bild 5.1.10: Prinzipschaltung zur Rückgewinnung der im Magnetfeld gespeicherten Energie

Als Beispiel einer solchen Anordnung sei hier nur die Umpolung des Kondensators anhand von einer Brückenschaltung aus vier elektronisch gesteuerten Schaltern genannt. Nach jedem Nulldurchgang des Stromes muß eine Anpassung der Polarität an die der Spannungsquelle erfolgen.

Eine ebenfalls energiegünstige Alternative stellt eine Anordnung wie in der Prinzipschaltung nach Bild 5.1.10 dar. Schließen die Schalter S_1, S_2 und S_3, so erfolgt ein Spannungssprung der Höhe U_B an der Spule L, wenn ideale Bauteile vorausgesetzt werden. Der Strom in der Spule steigt nach einer e-Funktion an. Nach dem Öffnen der Schalter erfolgt eine Rückspeisung der im Magnetfeld der Spule gespeicherten Energie in den Kondensator C. Der Stromanstieg in der Spule wird maßgeblich durch ihre Induktivität L_S und ihren Innenwiderstand R_S bestimmt. Bedingt durch die erforderlichen hohen Windungszahlen ergeben sich große Zeitkonstanten, die bei handelsüblichen Meßaufnehmern durchaus 100ms betragen können. Diese Art der Energierückgewinnung läßt sich ebenfalls bei stromgespeisten Spulen in einer anderen Schaltungsausführung anwenden.

Schwingkreise stellen das Optimum bei der Rückgewinnung der im Magnetfeld der Spule gespeicherten Energie dar. Wie weit man diesen Vorteil ausnutzen kann, hängt nur von den nichtidealen Eigenschaften der Bauteile ab.

Es ist jedoch zu berücksichtigen, daß ein Signal mit einem gedämpften sinusförmigen Verlauf eine völlig neue Störsignalunterdrückung und Meßwertverarbeitung erfordert. Alle heute bekannten Verfahren arbeiten mit periodischen Signalen, bei denen die Filter und Verstärker eingeschwungene Zustände annehmen.

5.2 Gestaltung der Meßwertverarbeitung

Aus den Ergebnissen der Energiebilanz in den vorhergehenden Kapiteln ist ersichtlich, daß ein wesentlicher Teil der für die Meßwerterzeugung aufzuwendenden Leistung an den ohmschen Verbrauchern des Spulenstromkreises abfällt. Die im Handel erhältlichen Meßaufnehmer stellen in bezug auf die bekannten Optimierungskriterien einen Kompromiß dar. Ziel einer Meßwertverarbeitung mit geringem Energieverbrauch muß es folglich sein, sehr kurze Stromeinschaltzeiten bei kleinem Tastverhältnis zu ermöglichen, ohne den Einsatzbereich magnetisch-induktiver Meßgeräte maßgeblich einzuschränken. Die genaue Kenntnis des Meßaufnehmers und der Störgrößen ist deshalb erforderlich.

5.2.1 Modelle des Meßaufnehmers

Nach den Angaben in [9,2] und den eigenen Meßergebnissen wurden zwei Modelle für den Meßaufnehmer gebildet, die in Bild 5.2.1 und Bild 5.2.2 dargestellt sind. Besondere Berücksichtigung fanden die determinierten und die stochastischen Störgrößen, die dem Meßsignal überlagert sind.

Bild 5.2.1 zeigt das Modell des Meßaufnehmers für die Spulenspannungssteuerung [18]. Die mit der Spulenspannung gespeisten Integratoren stellen die Primärseite eines Transformators dar, die im Innenraum den magnetischen Fluß ψ_i und im Außenraum den magnetischen Fluß ψ_a erzeugt. Nur der Fluß im Innenraum trägt zur Nutzsignalbildung bei. Entsprechend dem Faraday'schen Induktionsgesetz wird in der strömenden Flüssigkeit eine Spannung induziert, die der mittleren Strömungsgeschwindigkeit proportional ist. Da sich das magnetische Feld mit einer wesentlich kleineren Zeitkonstante ändert als die Strömungsgeschwindigkeit, wird die induzierte Spannung bei periodischen Feldverläufen durch die Strömungsgeschwindigkeit amplitudenmoduliert.

$$u_N(t) = B_i(t) \cdot d \cdot g \cdot \bar{v}(t) \qquad (5.2.1)$$

Gl. 5.2.1 ist die Gl. 2.3.7, wobei der Klammerausdruck durch die Meßaufnehmerkonstante g ersetzt wurde. Die Nutzspannung $u_N(t)$ fällt gemäß dem elektrischen Ersatzschaltbild Bild 3.2.1 an dem komplexen

Widerstand des Fluids ab. Diesen Einfluß beschreibt das Verzögerungsglied in Zweig 1, dessen Zeitkonstante von der Temperatur θ und der Leitfähigkeit χ des Fluids beeinflußt wird (Bild 5.2.1). Im zweiten Zweig des Bildes 5.2.1 wird der Fluß ψ_a um den Streufluß ψ_{Str} vermindert, der keinen Anteil bei der Bildung der transformatorischen Störspannung hat. Der Anteil des magnetischen Flusses $(\psi_a-\psi_{Str})$ wird durch den mechanischen Aufbau des Meßaufnehmers bestimmt und erfordert eine sehr sorgsame Montage. Je kleiner der Fluß $(\psi_a-\psi_{Str})$ ist, desto kleiner ist die transformatorische Störspannung an den Elektroden. Sie wird nach dem Induktionsgesetz durch die zeitliche Änderung des Flusses $(\psi_a-\psi_{Str})$ erzeugt, der durch die von den Elektrodenzuleitungen und der elektrischen Verbindung zwischen den Elektroden im Fluid aufgespannte Fläche tritt und so die Sekundärseite eines Transformators bildet. Im Modell wird zusätzlich eine Abhängigkeit des mechanischen Aufbaus von der Temperatur berücksichtigt, so daß sich die transformatorische Störspannug zu

$$u_T(t) = - K(\theta)\cdot\frac{d(\psi_a-\psi_{Str})}{dt} \qquad (5.2.2)$$

ergibt.

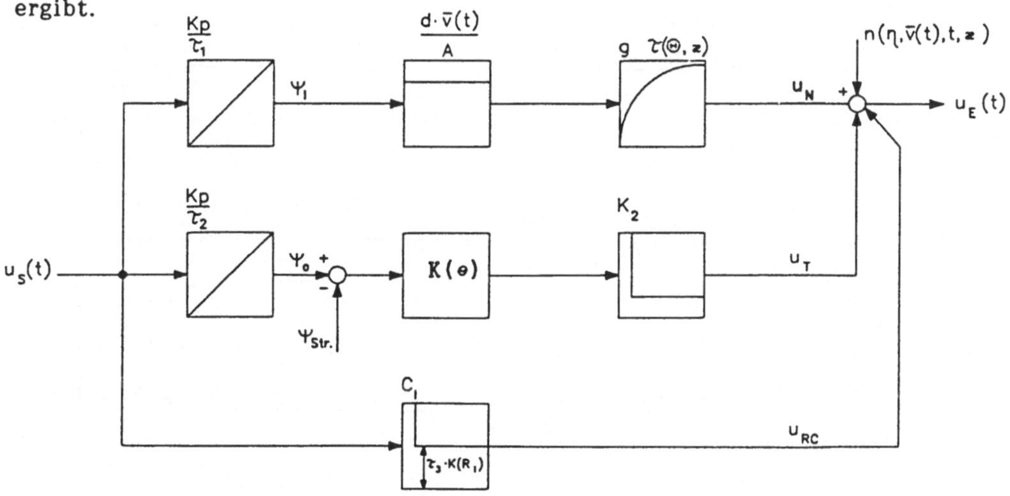

Bild 5.2.1: Modell für Spulenspannungssteuerung

Der dritte Zweig veranschaulicht die ohmschen und kapazitiven Einflüsse der Spulenspannung auf den Elektrodenstromkreis.

$$u_{RC}(t) = K(R_S)\cdot\frac{du_S(t)}{dt}\cdot\tau_3 \tag{5.2.3}$$

Die Elektrodenspannung wird aus der Summe der Einzelspannungen und der in [17, 28] näher beschriebenen Rauschspannung gebildet.

$$u_E(t) = u_N(t)+u_T(t)+u_{RC}(t)+n(\chi,\bar{v},t,\theta) \tag{5.2.4}$$

In Bild 5.2.2 ist das Modell des Meßaufnehmers für die Spulenstromsteuerung dargestellt. Hier entfallen die beiden Integratoren der Primärseite, die magnetischen Flüsse ψ_i und ψ_a sind Funktionen $F_1(i_S)$ und $F_2(i_S)$ des Spulenstromes i_s. Der dritte Zweig des Modells in Bild 5.2.1 muß um ein PD-Glied erweitert werden, das aus dem Spulenstrom i_S in Bild 5.2.2 die Spulenspannung u_S bildet.

$$u_S(t) = L\cdot\frac{di_S(t)}{dt} \tag{5.2.5}$$

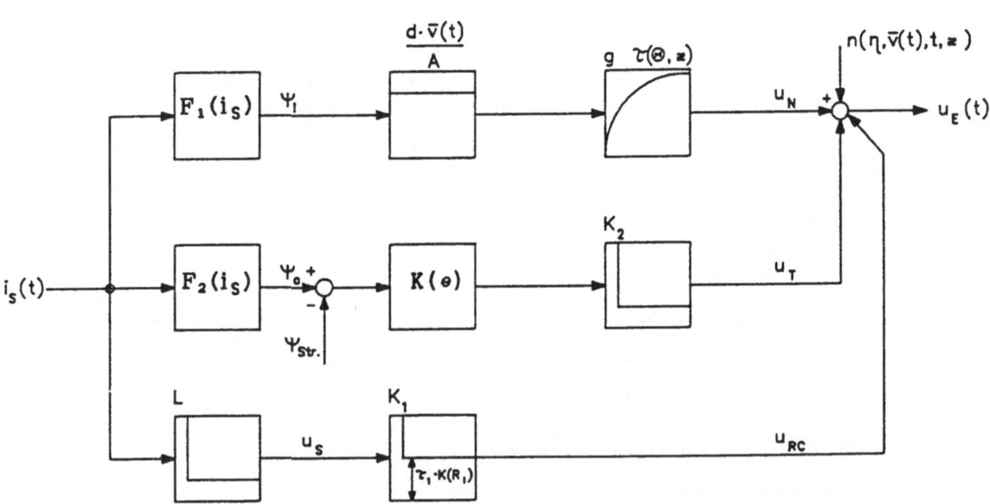

Bild 5.2.2: Modell für Spulenstromsteuerung

Alle anderen Komponenten des Modells gleichen denen in dem Modell für Spulenspannungssteuerung. In den Bildern 5.2.1 und 5.2.2 steht für eine einheitenlose Konstante ein K und für eine Zeitkonstante τ. Die Größe g ist die Meßaufnehmerkonstante, d der Rohrdurchmesser und A die von ψ_i durchsetzte Fläche.

5.2.2 Am Meßaufnehmer erfaßbare Signalverläufe

Nach den Beschreibungen der bekannten Verfahren in Kapitel 4 werden in den Meßwertverarbeitungseinheiten der magnetisch-induktiven Durchflußmeßgeräte die Elektrodenspannung, die Taktfrequenz des Magnetfeldes und die Stromamplitude zur Störgrößenkompensation und zur Bestimmung der mittleren Strömungsgeschwindigkeit ausgenutzt. Nach dem Modell in Kapitel 5.2.1 stehen folgende Größen für die Meßwertverarbeitung zur Verfügung:

- Der Spulenstrom $i_S(t)$

  Der zeitliche Verlauf des Spulenstromes kann über einen Referenzwiderstand im Spulenstromkreis gemessen werden.

- Die Spulenspannung $u_S(t)$

  Der zeitliche Verlauf der Spulenspannung kann über einen Spannungsteiler (evtl. hohe Spulenspannungen) gemessen werden.

- Die Elektrodenspannung $u_E(t)$

  Unter der Voraussetzung der Eliminierung der elektrochemischen und anderer äußerer Störpotentiale kann die Elektrodenspannung bei der Strömungsgeschwindigkeit $\bar{v} = 0$ und bei Strömungsgeschwindigkeiten $\bar{v} > 0$ gemessen werden. Im Fall $\bar{v} = 0$ mißt man nur die transformatorische und die kapazitive Störspannung. Nach dem Einbau des Meßgerätes ist es jedoch unbestimmt, wann dieser Betriebsfall wieder eintritt, so daß diese Messung nur für eine einmalige Kalibration, z.B. während der Inbetriebnahme eines Meßgerätes nach dem Einbau, geeignet ist. Im zweiten Fall mißt man die Summe aus der transformatorischen und der kapazitiven Störspannung sowie der Nutzspannung.

- Die Referenzspannung für die transformatorische Störspannung $u_{TR}(t)$

  Sehr einfach lassen sich magnetisch-induktive Meßwertaufnehmer zusätzlich mit einer getrennten Wicklungslage auf der magnetfelderzeugenden Hauptwicklung ausrüsten, die galvanisch getrennt ist. Die an dieser Sekundärwicklung meßbare Spannung hat bezüglich des mechanischen Aufbaus und des Temperaturverhaltens annähernd gleiche Eigenschaften wie der Elektrodenstromkreis. Eine größtmögliche Annäherung kann durch eine Montage erreicht werden, wie sie aus den in der Literatur angegebenen Verfahren [44] zur Kompensation mit Hilfswicklungen bekannt sind.

Durch die Auswertung der hier aufgeführten Meßsignale soll eine Meßwertverarbeitung ermöglicht werden, die den gesamten Nutzspannungsverlauf zur Bestimmung der Strömungsgeschwindigkeit nutzbar macht.

5.2.3 Auswertung des stochastisch gestörten Nutzsignalverlaufs durch digitale signalangepaßte Auswertealgorithmen

Läßt man die determinierten Störsignale, die durch die Zweige 2 und 3 der Modelle Bild 5.2.1 und 5.2.2 für den Meßaufnehmer repräsentiert werden, zunächst unberücksichtigt, so wird die Nutzspannung $u_N(t)$ nur vom elektronischen Rauschen der Flüssigkeit und der Verstärker additiv überlagert. Der Rauschpegel legt damit die untere meßbare Strömungsgeschwindigkeit innerhalb einer vorgegebenen Fehlergrenze fest. Wie in Kapitel 3 beschrieben, ist das Rauschen durch seine Abhängigkeit von der Strömungsgeschwindigkeit, der Leitfähigkeit und der Temperatur instationär. Die spektrale Amplitudenverteilung nimmt zu höheren Frequenzen im relevanten Frequenzbereich zwischen 10 und 500 Hz kleinere Werte an. Es liegt kein "weißes" Rauschen vor.

Im folgenden werden Verfahren der statistischen Nachrichten- und der Systemtheorie auf ihre Eignung zur Verbesserung des Nutz- zu Störspannungsabstandes untersucht. Sie sollen eine Verringerung der bei konventionellen Verarbeitungsverfahren erforderlichen Stromamplitude I_{SO} ermöglichen. Berücksichtigung finden Prozeßidentifikationsverfahren mit nichtparametrischen Modellen und parametrischen Modellen sowie Signalschätzverfahren.

5.2.3.1 Der magnetisch-induktive Meßaufnehmer als Nachrichtenübertragungskanal

Betrachtet man den Zweig 1 der Modelle Bild 5.2.1 und 5.2.2 für den Meßwertaufnehmer, so wird deutlich, daß der magnetisch-induktive Meßwertaufnehmer aus einer Informationsquelle und einem bandbegrenzten, stochastisch gestörten Nachrichtenübertragungskanal besteht. Bild 5.2.3 zeigt den Zweig 1 mit entsprechender Kennzeichnung der Quelle und des Kanals bei Stromsteuerung. Eine sehr wichtige informationstheoretische Kenngröße für Meßinformationssysteme stellt die Kanalkapazität C_K dar. Sie gibt den maximal möglichen Informationsfluß an und ist für analoge Systeme unter der vereinfachenden Voraussetzung, daß Signal und Störung unkorreliert sind sowie konstante Amplitudenspektren aufweisen, definiert als

$$C_K = f_g \cdot \mathrm{lb}(1+\frac{P_u}{P_n}) \tag{5.2.6}$$

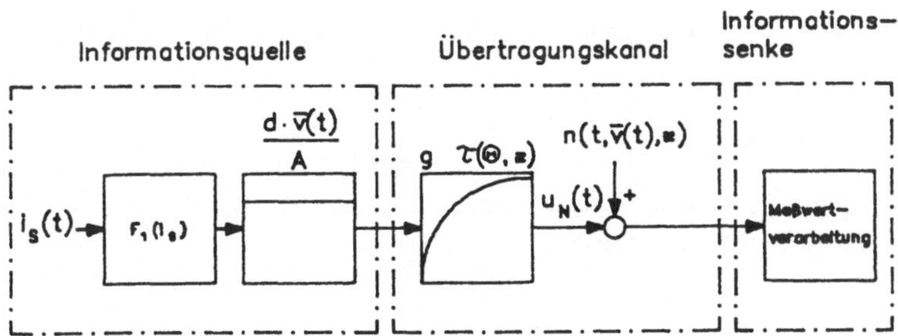

Bild 5.2.3: Meßaufnehmer als Nachrichtenkanal

Die Grenzfrequenz f_g wird durch das Tiefpaßverhalten der Übertragungsstrecke bestimmt. Sie beträgt für Leitungswasser ca. 500 Hz. Durch die in [17] aufgezeigten Abhängigkeiten ändert sich die Grenzfrequenz und muß in Folge dessen als instationär angesehen werden. Setzt man voraus, daß die Leistungen P_u und P_n an einem Widerstand gleicher Größe gemessen werden, lassen sie sich durch das Quadrat der Spannungen in Gl. 5.2.6 ersetzen. Für die Kanalkapazität ergibt sich

$$C_K = f_g \cdot \mathrm{lb}\left(1+\frac{i_s^2 \cdot F_1^2 \cdot d^2 \cdot \bar{v}^2(t) \cdot g^2}{A^2 \cdot \bar{u}_n^2}\right) \qquad (5.2.7)$$

Die Kanalkapazität C_K ändert sich bei konstanter Geometrie des Meßaufnehmers in Abhängigkeit von den Fluidparametern, dem Spulenstrom $i_S(t)$ und der mittleren Strömungsgeschwindigkeit sowie der mittleren Rauschspannung. Die empfangenen Nutz- und Störsignalleistungen P_u und P_n sind zeitabhängig und ihre Amplitude ist nicht bekannt.

Mit der Reduzierung der Stromamplitude I_S wird gleichzeitig die Kanalkapazität C_K des Übertragungskanals verkleinert. Damit sinkt der Transinformationsgehalt, die mittlere pro Zeiteinheit übertragbare Information. Zur Übertragung der gleichen Information ist eine längere Zeit $t_{ü}$ erforderlich [60]. Bei digitalen Meßwertverarbeitungssystemen ist zu berücksichtigen, daß die maximale Zeit t_a zwischen zwei Abtastwerten unter den oben angegebenen Bedingungen und zusätzlicher Berücksichtigung eines auf die Kreisfrequenz ω_g bandbegrenzten Nutzsignals sich nach [60] zu

$$t_a \leq t_{ü} \leq \frac{1}{2 \cdot \lg(e) \cdot \omega_g} \cdot \frac{\lg\left(1+\frac{P_u}{P_n}\right)}{\sqrt{1+\frac{P_u}{P_n}} - 1} \qquad (5.2.8)$$

berechnet. Je größer der Störsignalanteil in Bezug auf den Nutzsignalanteil wird, desto größer werden die Zeiten $t_{ü}$. Die Randbedingungen dieser Formel entsprechen näherungsweise den gegebenen Verhältnissen des realen Übertragungskanals. Zur Veranschaulichung kann der Übertragungskanal als ideales Tiefpaßfilter betrachtet werden. Dieses Filter begrenzt das Spektrum auf den Anteil mit einer konstanten Rauschleistungsdichte. Falls nötig, kann die Grenzfrequenz noch durch Zusatzfilter angepaßt werden.

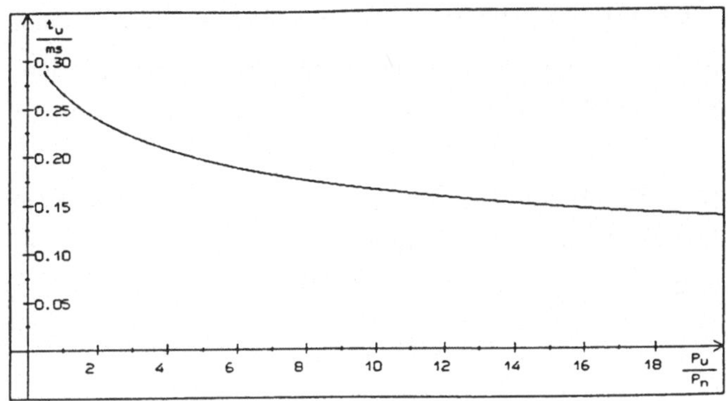

Bild 5.2.4: Erforderliche Abstände der Abtastzeitpunkte

Mit P_n wird die Störleistung bezeichnet, die auf diesen Spektralbereich entfällt. f_g bezeichnet die 3-dB-Grenzfrequenz des Tiefpaßfilters, mit dem das Nutzsignal bandbegrenzt wird. Die durch Überabtastung zusätzlich zur Verfügung stehenden Meßwerte sind zur Unterdrückung der stochastischen Störungen einsetzbar.

Gegenüber den aus der Nachrichtentheorie bekannten klassischen Übertragungskanälen, wie beispielsweise dem Telefonnetz, weist dieser Kanal einige für die Meßwertverarbeitung wichtige Besonderheiten auf. Der Sendezeitpunkt und der qualitative, zeitliche Verlauf des gesendeten Signals sind bekannt. Dieses Signal kann durch Messung des Spulenstromes erfaßt werden und steht der Meßwertverarbeitungseinheit zur Verfügung. Die durch den mechanischen Aufbau bedingten Proportionalitätskonstanten sind gerätespezifisch und meßtechnisch bestimmbar. Sie können als zeitinvariant angesehen werden.

Das Meßergebnis für die Strömungsgeschwindigkeit sollte einen möglichst geringen relativen Meßfehler aufweisen. In Abhängigkeit von der Strömungsgeschwindigkeit $\bar{v}$, der Spulenstromamplitude I_S und der Rauschleistung P_n müssen folglich Korrekturmaßnahmen von der Meßwertverarbeitungseinheit durchgeführt werden, welche den Einfluß der Irrelevanz der an der Senke eintreffenden Signale verkleinern. Die Meßwertverarbeitung muß dazu mathematische Algorithmen, die den Störeinfluß des Rauschens zusätzlich zu den bandbegrenzenden Filtern reduzieren, enthalten. Diese Korrektureinrichtungen ermöglichen jedoch auch bei sehr großem Aufwand weder eine beliebige Reduzierung des Spulenstromes noch die Messung geringster Strömungsgeschwindigkeiten [60].

Der in diesem Kanalmodell unberücksichtigte Amplitudenfehler, der durch die Instationarität der Grenzfrequenz f_g entsteht, kann durch Einhaltung der Bedingung

$$f_b \ll f_g$$

klein gehalten werden. Die Größe der Betriebsfrequenz f_b läßt sich in Abhängigkeit des zulässigen Fehlers ΔF und der größtmöglichen Zeitkonstante des Fluids $\tau_F = R_F \cdot C_F$ abschätzen.

$$f_b = \frac{1}{2 \cdot \pi \cdot R_F \cdot C_F} \cdot \sqrt{\left(\frac{1}{1-|\Delta F|}\right)^2 - 1} \qquad (5.2.9)$$

Eine bessere Möglichkeit zur Kompensation des Fehlereinflusses durch f_g bietet eine adaptive Anpassung der Meßwertverarbeitung an die geänderte elektrische Zeitkonstante τ_F des Fluides.

5.2.3.2 Die Kostenfunktion für die Korrektur des Meßsignals

Das tatsächliche Ausgangssignal eines zur Korrektur eingesetzten Filters unterscheidet sich in der Regel von dem gewünschten Ausgangssignal um einen Fehler. Optimal ist ein Filter bezüglich eines Signals und der additiven Störung, wenn der Fehler ein Minimum annimmt. Dazu muß das Filter eine vom Fehler abhängige Größe, die Kosten, minimieren. Eine wirklichkeitsnahe Kostenfunktion sollte folgende Eigenschaften aufweisen:

- Keine Kompensation zwischen positiven und negativen Fehlern
- Mit wachsendem Fehlerbetrag sollen die Kosten eines Fehlers nicht abnehmen
- Falls zufällige Fehler auftreten, sollen mittlere Kosten berücksichtigt werden

Als besonders geeignet erwies sich unter der großen Anzahl möglicher Kostenfunktionen der mittlere quadratische Fehler [50]. Diese Kostenfunktion findet bei verschiedenen Signal- und Parameterschätzverfahren Anwendung. Im Vorgriff auf das Ergebnis der nächsten Kapitel soll hier schon angemerkt werden, daß diese Kostenfunktion auch für den hier gesuchten Korrekturalgorithmus geeignet ist.

5.2.3.3 Filteralgorithmen

Die Arbeiten von Wiener und Kolmogoroff führten zu einem Entwurfsverfahren für lineare Optimalfilter. Mit ihnen können additiv gestörte Signalprozesse in kontinuierlicher und diskreter Zeit optimal geschätzt werden. Als Kostenfunktion dient der mittlere quadratische Schätzfehler [50, 55]. Die Lösung für das Signalschätzproblem wird in Form der Wiener-Hopf-Integralgleichung angegeben. Als Voraussetzung ist zu berücksichtigen, daß der zu schätzende Signalprozeß und die sich ihm überlagernde Störung stationäre Zufallsprozesse sein müssen, daß Signal und Störung nicht miteinander korreliert sein dürfen und daß das Eingangssignal des Filters über eine sehr lange Zeit hinweg beobachtet worden sein muß. Diese Voraussetzungen können, wie in Kapitel 5.2.3.1 dargestellt, nur zum Teil erfüllt werden. Gerade zur Energieeinsparung ist es erfoderlich, mit möglichst kurzen Beobachtungsintervallen auszukommen. Die Besonderheiten des speziellen Übertragungskanals, wie beispielsweise der bekannte Sendezeitpunkt, ermöglichen keine Erhöhung der Filtergüte. Ein erheblicher Nachteil des Wiener-Kolmogoroff-Filters ist darin zu sehen, daß optimale Schätzwerte erst nach dem Abklingen des Einschwingvorganges des Filters zur Verfügung stehen.

Kalman und Bucy haben eine Lösung des Optimalfilterproblems angegeben, die optimale Schätzwerte bereits während des Einschwingvorganges ermöglicht [48]. Das Kalman-Optimalfilter wird anders als das Wiener-Kolmogoroff-Filter an Hand von Prozeßmodellen hergeleitet, die mit Hilfe von Zustandsvariablen formuliert wurden. An die Stelle des Faltungsintegrals zur Bildung der Schätzwerte beim Wiener-Kolmogoroff--Filter treten Differentialgleichungen zur Bildung der Schätzwerte des Zustandsvektors. Die Kenntnis des Modells von Signalquelle und Übertragunskanal sowie des Signal- und Störprozesses wird dabei vorausgesetzt. Durch die Zeitvarianz des Modells sind zusätzliche Schätzgleichungen nötig, die den mathematischen Aufwand stark ansteigen lassen. Er steigt näherungsweise mit der dritten Potenz der Matrixordnung. Wie beim Wiener-Kolmogoroff-Filter müssen Signal und Störung unkorreliert sein. Zur Bestimmung der Schätzwerte ist es erforderlich, a priori-Informationen über die statistischen Eigenschaften des Schätzfehlers anzugeben. Liegen die erforderlichen Kenntnisse nicht vor, so vergrößern sich die Schätzfehler. Zur Veranschaulichung sei hier die Herleitung des Kalman-Filters über die Methode der gewichteten kleinsten Quadrate angeführt. Ohne a priori-Kenntnis über den Signal- und Störprozess sowie über die statistischen Eigenschaften der Schätzfehler sind die Ergebnisse des Kalman-Filters gleich denen eines Filters nach der Methode der kleinsten Quadrate [48]. Diese Schätzmethode wird im Zusammenhang mit den Parameterschätzverfahren ausführlich behandelt.

5.2.3.4 Prozeßidentifikationsverfahren

Prozeßidentifikationsverfahren werden den Besonderheiten des Übertragungskanals besser gerecht als die im letzten Kapitel aufgeführten Optimalfilter. Die Einbeziehung der Eingangsgröße Spulenstrom oder Spulenspannung ist ein grundsätzlicher Bestandteil dieser Verfahren.

Zur Identifikation linearer Prozesse mit nichtparametrischen Modellen sind die Fourieranalyse, die Spektralanalyse und die Korrelationsanalyse geeignet. Zur Identifikation mit der Fourieranalyse werden determinierte, periodische oder nicht periodische Signale benötigt. Zur Energieeinsparung sind jedoch nur determinierte nicht periodische Signale sinnvoll. Die Ein- und Ausgangssignale werden fouriertransformiert und ihr komplexes Frequenzspektrum ausgewertet. Das Verfahren ist sehr rechenintensiv.

Bei der Spektralanalyse wird ähnlich vorgegangen, jedoch finden hier stochastische Eingangssignale Verwendung. Sie sind wegen der hohen Zeitkonstanten im Spulenstromkreis des Meßaufnehmers unpraktikabel.

Zur Unterdrückung großer Störpegel setzt man bei der Korrelationsanalyse stochastische und pseudostochastische Eingangssignale ein. Speziell beim Einsatz von Pseudo-Rausch-Binär-Signalen als Spulenstrom sind gute Ergebnisse zu erwarten [52, 53]. Der Nachteil liegt jedoch wie bei der Spektralanalyse in der großen Spulenzeitkonstanten magnetisch--induktiver Meßaufnehmer. Legt man eine entsprechende Rauschspannung an die Spule des Meßaufnehmers, so ist zu berücksichtigen, daß der Spulenstrom einer e-Funktion folgt. Die Dauer einer Rauschperiode kann unter Berücksichtigung einer minimal erforderlichen Spulenstromamplitude durchaus einige Sekunden betragen. Über die gesamte Zeit müssen die Werte erfaßt und abgespeichert werden, damit sie zur Berechnung der Kreuzkorrelationsfunktion in Abhängigkeit der Verschiebung zwischen Eingangs- und Ausgangssignalen zur Verfügung stehen. Dieses Verfahren ist ebenfalls rechenintensiv und reduziert die Meßrate des Meßgerätes zu stark.

Allgemein wird bei diesen Identifikationsverfahren als Vorteil gewertet, daß keine bestimmte Struktur und Ordnung des zu identifizierenden Prozesses vorausgesetzt werden muß. Bei der hier vorliegenden Anwendung sind sowohl die Struktur als auch die Ordnung im voraus bekannt. Zu bestimmen sind zwei Parameter eines parametrischen Modells, die mittlere Strömungsgeschwindigkeit $\bar{v}$ und die Zeitkonstante des Tiefpasses τ_F in Bild 5.2.3.

Das Parameterschätzverfahren von Bayes setzt voraus, daß der zu schätzende Parametervektor eine stochastische Variable mit a priori bekannter Verteilungsdichte ist. Diese Bedingung kann bei der gegebenen Problemstellung nicht erfüllt werden. Da diese Verteilungsdichte generell sehr selten a priori bekannt ist, hat dieses Verfahren hauptsächlich theoretische Bedeutung.

Das Parameterschätzverfahren nach der Maximum-Likelyhood-Methode sei in diesem Zusammenhang nur aus Gründen der Vollständigkeit genannt. Relativ einfache Algorithmen ergeben sich bei dieser Methode nur unter der Bedingung normal verteilter Fehlersignale. Der bei diesem Verfahren erforderliche Startwert ist nach [52, 53] über die im folgenden beschriebenen Methode der kleinsten Quadrate berechenbar. Der mathematische Aufwand steigt dadurch beträchtlich an.

Als letztes Verfahren soll die Methode der kleinsten Fehlerquadrate nach Gauß untersucht werden. Sie bietet in Bezug auf die Problemstellung die Möglichkeit, ein spezielles Verfahren mit relativ geringem Aufwand zu formulieren. Von Nachteil ist allerdings, daß durch die fehlenden statistischen a priori Informationen über den Störpozeß sowie über den Schätzfehler nicht zur Methode der gewichteten kleinsten Fehlerquadrate übergegangen werden kann, die eine bessere Störunterdrückung bietet. Der Methode der kleinsten Fehlerquadrate sind die nächsten Kapitel gewidmet.

5.2.3.5 Methode der kleinsten Fehlerquadrate für Prozesse erster Ordnung

Es muß vorausgesetzt werden, daß die Strömungsgeschwindigkeit $\bar{v}$ einen wesentlich kleineren Gradienten nach der Zeit aufweist als der Spulenstrom, so daß $\bar{v}$ als konstant für den Zeitraum der Messung gelten kann. Diese Voraussetzung stellt keine entscheidende Einschränkung dar und ist in der Praxis durch die Trägheit hydrodynamischer Systeme in der Regel erfüllt. Da die Rauschamplituden stark von der Strömungsgeschwindigkeit abhängen und ihre Änderung in Abhängigkeit der anderen Parameter einen kleinen Gradienten aufweist, können die Störungen für den Zeitraum der Messung als stationär angesehen werden. Die Mittelwertfreiheit wird durch zusätzliche Hochpaßfilter erzeugt. Die mathematische Formulierung erfolgt zeitdiskret mit äquidistanten Abtastschritten, so daß die Ergebnisse direkt in einen digitalen Verarbeitungsalgorithmus umgesetzt werden können. Übertragungsfunktionen werden zeitdiskret, also im Bildbereich der Z-Transformation, dargestellt.

In Bild 5.2.5 ist die Quelle und der Nachrichtenübertragungskanal in einem Block zusammengefaßt. Er beinhaltet in allgemeinster Form die zeitdiskrete Übertragungsfunktion des Übertragungskanals und die strömungsgeschwindigkeitsabhängige Quellenspannung. Als Eingangssignal ist der Spulenstrom eingezeichnet. Die stochastische Störung n wird zum Ausgangssignal u_N addiert. Alle Ein- und Ausgangsgrößen sind als Abweichungen von den Beharrungswerten zu verstehen, die durch entsprechende schaltungstechnische Maßnahmen oder mathematische Operationen vom Mittelwert befreit wurden. Das Modell bildet das Nenner- und Zählerpolynom des Prozesses nach, in denen sich die Modellparameter von den Parametern des Prozesses unterscheiden können. Sie sind in Bild 5.2.5 durch den zusätzlichen Index M gekennzeichnet. Die Parameter b_0 und b_{0M} können zu null angenommen werden, da der Prozeß nicht sprungfähig ist. Zu berücksichtigen ist, daß diese vereinfachende Annahme beispielsweise bei Tiefpässen 1. Ordnung zu einer Nullstelle führt, welche die Dämpfung bei großen Fequenzen gegen endliche Werte streben läßt. Auf dieses Problem wird in Kap. 7 nocheinmal ausführlich eingegangen.

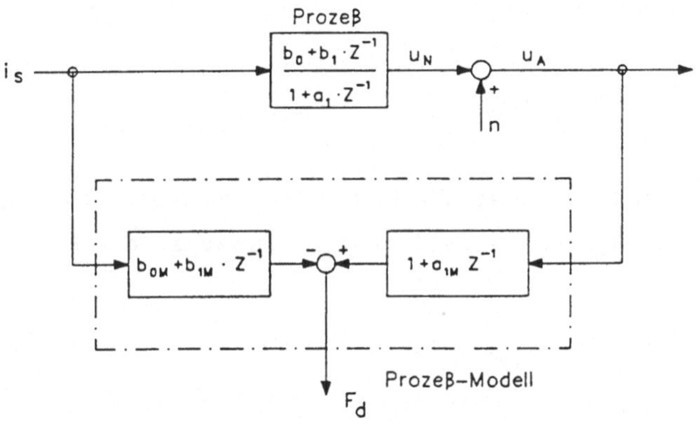

Bild 5.2.5: Parametrisches Modell des Prozesses 1. Ordnung

Entsprechend Bild 5.2.3 sind keine Totzeiten zu berücksichtigen. Mit dem Modell wird der Modellfehler F_d berechnet, der ein Maß für die Übereinstimmung zwischen dem Prozeß und dem Modell darstellt. Der Gleichungsfehler läßt sich in diskreter Zeit wie folgt darstellen [52, 53]:

$$\underbrace{F_d(k) = u_A(k)}_{\text{neue Beobachtungen}} + \underbrace{a_{1M} \cdot u_A(k-1) - i_S(k-1) \cdot b_{1M}}_{\text{Vorhersage des Modells mit } k=0,1,\dots,N} \quad (5.2.10)$$

oder in der Matrixform:

$$\underline{F_d} = \underline{u_A} - \underline{\Psi} \cdot \underline{\theta_M}$$

mit den Meßwerten:

$$\underline{u_A}^T = [\, u_A(1), \; \dots \; , u_A(N+1) \,] \quad (5.2.11)$$

dem Vektor der geschätzten Parameter:

$$\underline{\theta_M}^T = [a_{1M}, \, b_{1M}] \quad (5.2.12)$$

und der Matrix der gemessenen Eingangs- und Ausgangssignale:

$$\underline{\Psi} = \begin{bmatrix} -u_A(0) & | & i_S(0) \\ \vdots & | & \vdots \\ -u_A(N) & | & i_S(N) \end{bmatrix} \quad (5.2.13)$$

In den Gleichungen bedeutet k das Vielfache der Abtastzeit. Zur Bestimmung des kleinsten quadratischen Fehlers wird zunächst die Risikofunktion R gebildet.

$$R = \underline{F_d}^T \cdot \underline{F_d} = \sum_{k=1}^{N+1} F^2(k) \quad (5.2.14)$$

Gesucht ist die Spaltenmatrix θ_M, für welche die Risikofunktion R ein Minimum annimmt. Zur Berechnung des Minimums wird die erste Ableitung zu null gesetzt:

$$\frac{dR}{d\theta_M} = \frac{d}{d\theta_M} \left[(\underline{u_A}^T - \underline{\Psi}^T \cdot \underline{\theta_M}^T) \cdot (\underline{u_A} - \underline{\Psi} \cdot \underline{\theta_M}) \right] = 0$$

$$= \frac{d}{d\theta_M} \left[\underline{u_A}^T \cdot \underline{u_A} - \underline{\Psi}^T \underline{\theta_M}^T \cdot \underline{u_A} - \underline{u_A}^T \cdot \underline{\Psi} \cdot \underline{\theta_M} + \underline{\Psi}^T \underline{\theta_M}^T \cdot \underline{\Psi} \cdot \underline{\theta_M} \right] = 0$$

$$= -\, 2 \cdot \underline{\Psi}^T \cdot \underline{u_A} + 2 \cdot \underline{\Psi}^T \cdot \underline{\Psi} \cdot \underline{\theta_M} = 0$$

Für θ_M ergibt sich aus der 1. Ableitung der Risikofunktion:

$$\theta_M = \left[\underline{\Psi}^T \cdot \underline{\Psi} \right]^{-1} \cdot \underline{\Psi}^T \cdot \underline{u_A} \tag{5.2.15}$$

Für die zweite Ableitung gilt:

$$\frac{d^2R}{d\underline{\theta_M^2}} = 2 \cdot \Psi^T \cdot \Psi > 0$$

Damit nimmt die Risikofunktion R für die Lösung von θ_M in Gl. 5.2.15 ein Minimum an.

Ersetzt man die Matrizenmultiplikation durch die Matrizen der entsprechenden Auto- und Kreuzkorrelationsfunktionen, ergibt sich:

$$\underline{\theta_M} = \begin{bmatrix} \Phi_{uu}(0) & \Phi_{iu}(0) \\ \Phi_{iu}(0) & \Phi_{ii}(0) \end{bmatrix} \cdot \begin{bmatrix} \Phi_{uu}(1) \\ \Phi_{ui}(1) \end{bmatrix} \tag{5.2.15a}$$

Obwohl der Parameter a_{1M} sich nur durch elektrochemische und thermische Einflüsse, also sehr langsam in Bezug auf die Strömungsgeschwindigkeit $\bar{v}$ ändern kann, müssen für jeden Meßwert beide Parameter berechnet werden. Läßt man zunächst unberücksichtigt, daß die zu invertierende Matrix eine Determinante ungleich null besitzen muß, ergibt sich, daß für die Berechnung der Parameter a_{1M} und b_{1M} 1 Subtraktion, 5N+7 Additionen, 4 Divisionen und 5N+13 Multiplikationen erforderlich sind. Mathematische Verfahren zur Verkürzung der Rechenzeit bei der Berechnung der Matrizen dieser Ordnung bringen keine wesentlichen Vorteile. Die angegebenen Rechenschritte beziehen sich auf die Lösung der Matrizengleichung nach Cramer [79]. Zusätzlicher Aufwand bei der Berechnung der Gleichung entsteht durch die Prüfung, ob die invertierte Matrix existiert. Es kann vorkommen, daß die Matrix singulär oder näherungsweise singulär ist. Dieser Fall tritt ein, wenn die Prozeßsignale zu häufig abgetastet werden. Die Änderung von einem Wert zum andern kann dann zu klein oder der in den Signalwerten enthaltene Gleichanteil zu groß werden. In diesem Fall spricht man von schlecht konditionierten Matrizen. Zur Beurteilung der Konditionierung von Matrizen wird in [52] ein Verfahren beschrieben, bei dem jede Zeile der Matrix auf die Wurzel aus der Summe der Quadrate ihrer Elemente normiert wird. Falls dann

$$|\det \underline{A}^*| \ll 1$$

ist, gilt die Determinante als schlecht konditioniert. Diese Überprüfung der Matrix benötigt weitere Rechenoperationen. In [52, 53] werden Bedingungen angegeben, um die Entstehung von schlecht konditionierten Matrizen auszuschließen:

- Auswahl einer genügend großen Abtastzeit
- Beseitigung des Gleichanteils
- Das Eingangssignal sollte möglichst wenige Beharrungszustände aufweisen, da sonst die lineare Abhängigkeit der Matrixzeilen ansteigt.

Diese Vorgaben können nur bedingt erfüllt werden. Mit abnehmender Strömungsgeschwindigkeit unterscheiden sich die Abtastwerte von u_A in ihrem Amplitudenbetrag immer weniger voneinander.

Bisher blieb die Konsistenz und die "Bias"-Freiheit der Schätzung unberücksichtigt. Konsistent ist eine Schätzung nur dann, wenn der Schätzwert um so besser wird, je größer die Anzahl N der berücksichtigten Meßwerte ist. Sie enthält keinen "Bias", wenn der Schätzwert dabei gegen den wahren Wert strebt. Die Schätzung von Parametern dynamischer Prozesse mit der Methode der kleinsten Fehlerquadrate liefert nur unter der Bedingung "bias"-freie und konsistente Ergebnisse, daß das Störsignal ein autoregressives Rauschen ist. Auf diese Bedingung soll hier nicht weiter eingegangen werden. Sie ist in [52, 53] ausführlich beschrieben.

Der Meßwertverarbeitungsalgorithmus erfordert in seiner abgeleiteten Form noch relativ viel Rechenzeit und enthält einige beschränkende Voraussetzungen und Randbedingungen. Im folgenden Kapitel wird untersucht, inwieweit eine weitere Anpassung des Algorithmus auf die speziellen Bedingungen des Übertragungskanals Vorteile in Bezug auf die Reduzierung des Rechenaufwandes und die Beschränkung durch die gegebenen Voraussetzungen ermöglicht.

5.2.3.6 Modifizierte Methode der kleinsten Fehlerquadrate

Einen Ansatzpunkt zur Vereinfachung des Algorithmus zur Meßwertverarbeitung bietet der kleine Gradient, mit dem sich der Parameter a_1 ändern kann. Im Vergleich zum eigentlichen Meßvorgang kann dieser Parameter ebenso wie die Strömungsgeschwindigkeit, die im Parameter b_1 als Faktor enthalten ist, als quasikonstant betrachtet werden. Die durch den Spulenstrom bestimmte Meßzeit muß dazu klein genug gehalten werden. Bezüglich des eigentlichen Meßvorganges läßt sich aufgrund des quasikonstanten Parameters a_1 das Modell durch einen dynamischen Teil mit Tiefpaßverhalten und einen statischen Teil nachbilden. Das statische Modell enthält nur noch den Parameter b_{1M}. Zur Ableitung des Algorithmus für statische Prozesse wird angenommen, daß $a_1 = a_{1M}$ ist.

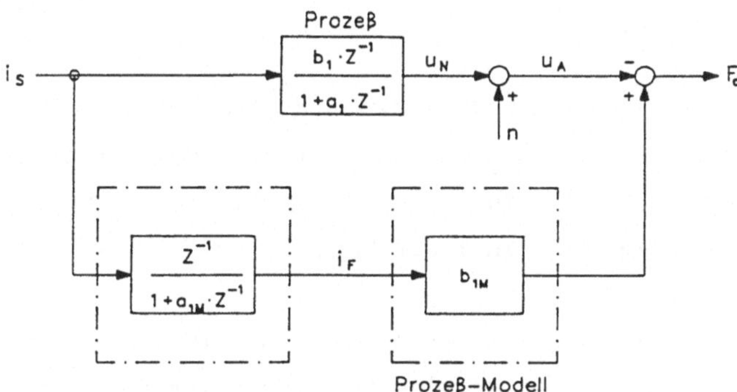

Bild 5.2.6: Modifiziertes Prozeßmodell

Zu bestimmen ist dann nur b_{1M} aus dem Eingangs- und Ausgangssignal. Zuerst wird der Spulenstrom i_F aus dem Strom i_S berechnet.

$$i_F(k) = a_{1M} \cdot i_F(k-1) - i_S(k-1) \qquad (5.2.16)$$

i_F bildet das Eingangssignal für das statische Prozeßmodell. Die aus Gl. 5.2.10 bekannte Fehlerfunktion vereinfacht sich nun zu

$$F_{St}(k) = u_A(k) - b_{1M} \cdot i_F(k) \qquad (5.2.17)$$

Für k=0, 1, ... , N

oder in Matrizenform

$$\underline{F_{St}} = \underline{u_A} - \underline{\Psi} \cdot \theta_M \qquad (5.2.18)$$

Mit den Meßwerten:

$$\underline{u}_A^T = [u_A(0), \ ..., \ u_A(N)] \qquad (5.2.19)$$

dem geschätzten Parameter:

$$\theta_M = b_{1M} \qquad (5.2.20)$$

und den Meßwerten der Eingangsgröße:

$$\Psi = [i_F(0), \ ..., \ i_F(N)] \qquad (5.2.21)$$

Entsprechend Gl. 5.2.10 bis Gl. 5.2.15 ergibt sich

$$\theta_M = b_{1M} = \frac{\underline{\Psi}^T \cdot \underline{u_A}}{\underline{\Psi}^T \cdot \underline{\Psi}} = \frac{\Phi_{iu}}{\Phi_{ii}} \qquad (5.2.22)$$

Zur Berechnung von b_{1M} sind 2N+2 Additionen, 2N+2 Multiplikationen und 1 Division erforderlich. Es ist zu berücksichtigen, daß die Bedingung für ein Minimum in Gl. 5.2.22 erfüllt sein muß. Das ist nicht für alle möglichen Testsignale uneingeschränkt der Fall.

Die Parameterschätzung statischer linearer Prozesse mit der Methode der kleinsten Quadrate ist konsistent und biasfrei unter der Bedingung, daß n(t) ein stationäres mittelwertfreies weißes Rauschen ist. Das Eingangssignal i_S darf nicht mit dem Störsignal n korreliert sein. Anschaulich kann die Konsistenz der Schätzung damit begründet werden, daß zur Berechnung eines Parameters N+1 Gleichungen zur Verfügung stehen.

Nach Kapitel 3 ist der Störprozeß ein quasistationäres Rauschen mit einem nicht konstanten spektralen Amplitudenverlauf. Die Mittelwertfreiheit kann schaltungstechnisch oder durch einen digitalen Algorithmus erzeugt werden. Nur die Bedingung des weißen Rauschens ist nicht erfüllt. Der Parameter a_1 in Bild 5.2.6 ändert sich in Abhängigkeit von der Temperatur und der Leitfähigkeit. Diese Abhängigkeit bleibt beim statischen Modell unberücksichtigt. Der hierdurch entstehende Fehler muß unter Ausnutzung der Ausgangssignale des Prozesses und des Modells kompensiert werden. Dazu führt man zweckmäßigerweise den Parameter a_{1M} entsprechend a_1 nach.

Durch die Parameteränderung ändert sich das dynamische Verhalten des Prozesses gegenüber dem des Modells. Die Antwort auf ein Testsignal hat für Modell und Prozeß einen unterschiedlichen Signalverlauf. Die Größe der Differenzfläche A_D zwischen beiden Signalverläufen bezogen auf die Spannung U_{NO} steht als vorzeichenbehaftetes Fehlermaß zur Verfügung. Rauscheinflüsse gehen bei dieser Methode mit ihrem Mittelwert bezogen auf den berücksichtigten Zeitraum in das Ergebnis ein. Ein Beispiel für das Ausgangssignal des ungestörten Prozesses und des Modells bei einem Spannungssprung der Höhe U_{SO} an der Spule zeigt Bild 5.2.7.

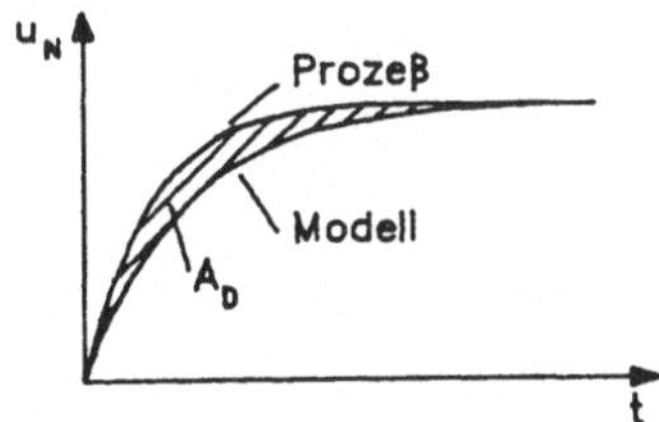

Bild 5.2.7: Ausgangssignalverlauf für $a_1 < a_{1M}$

5.2.3.7 Kriterien zur Anpassung des Modells an den Prozeß

Nehmen die Rauschamplituden im Vergleich zum Nutzsignal u_N große Werte an, wie es immer bei kleinen Strömungsgeschwindigkeiten auftritt, bestimmen die Rauschamplituden die Größe der Fehlerfläche. In diesem Fall ist die Fehlerfläche kein aussagekräftiges Kriterium zur Nachführung des Modells mehr. Es ist zweckmäßig, eine untere Schwelle für das Nachführen des Modellparameters festzulegen. Um diese Schwelle möglichst gut an den Störprozeß anzupassen, kann beispielsweise die Standardabweichung des Rauschens betimmt werden, aus der zusammen mit der Nutzsignalamplitude die Vergleichsamplitude für den Schwellwert errechnet wird. Diese Lösung bietet sich nur an, wenn genügend Rechenzeit zur Verfügung steht. Als eine weitere, jedoch noch aufwendigere,

Möglichkeit zur Bestimmung des $\Delta\tau$ in Abhängigkeit von dem unterschiedlichen Verlauf der Kurven, kann eine Korrelationsrechnung durchgeführt werden.

Die Fehlerbetrachtungen in Kap. 7 zeigen zudem, daß der Fehlereinfluß für den normalen Betrieb des Meßgerätes mit Waser im Promillebereich liegt. Bei einer Optimierung in Bezug auf die geringe Leistungsaufnahme erscheint nur eine einmalige Anpassung des Modells an den Prozeß sinnvoll.

5.3 Die Auswahl geeigneter Spulenstromverläufe

Die in den vorangegangenen Kapiteln durchgeführte Analyse der Verlustleistung im Meßaufnehmer wird zur besseren Übersichtlichkeit in einem Diagramm dargestellt (Bild 5.3.1).

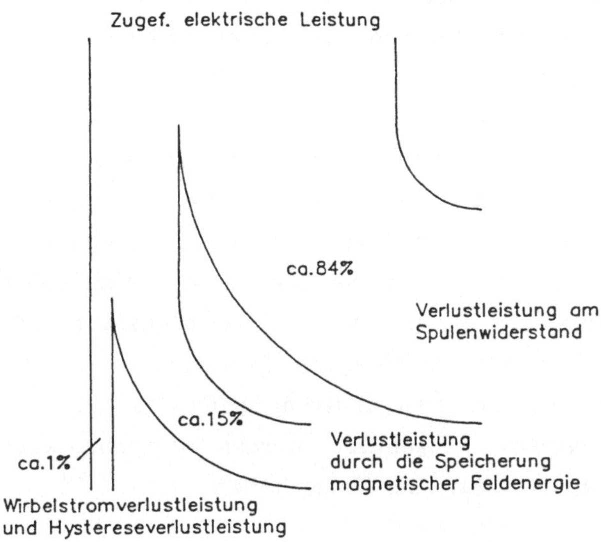

Bild 5.3.1: Leistungsbilanz am Meßaufnehmer

Sehr deutlich überwiegt mit ca. 84% der Gesamtverlustleistung der Anteil am ohmschen Widerstand der Spule. Von untergeordneter Bedeutung erscheinen mit ca. 15% die Verlustleistungen auf Grund der im Magnetfeld gespeicherten Energie - vernachlässigbar sind mit ca. 1% die Anteile durch Wirbelströme und die magnetischen Werkstoffeigenschaften.

Das Ziel der Leistungsminimierung kann hauptsächlich durch die Verkürzung der Einschaltzeiten des Spulenstromes, die Verringerung der Stromamplitude und des ohmschen Spulenwiderstandes erreicht werden. Zusätzlich muß die Verlustleistung an der Leistungselektronik klein gehalten werden. Die minimal mögliche

Stromeinschaltzeit ist durch die zur Störunterdrückung erforderliche Anzahl an Abtastwerten und die maximal mit CMOS-A/D-Wandlern geringer Stromaufnahme mögliche Abtastfrequenz festgelegt. Proportional zum zeitlichen Gradienten des Spulenstromes vergrößert sich die Amplitude der transformatorischen Störspannung. Bei einem zu großen Gradienten wird die Auflösung der Spannung u_N durch diesen determinierten Störanteil begrenzt. Nach [52] müssen zur Parameterschätzung mit der Methode der kleinsten Quadrate geeignete Prozeßeingangssignale existierende Signalmittelwerte und -kovarianzfunktionen haben.

Diese Voraussetzungen erfüllen Signale mit sinushalbwellenförmigen und e-funktionsförmigen Zeitverläufen unter der Bedingung, der entsprechenden Wahl der Periodendauern bzw. Zeitkonstanten. Die beiden aufgeführten Signalverläufe können durch Ausgleichsvorgänge in passiven Netzwerken erzeugt werden. Der Steuerungsaufwand für den Spulenstrom sinkt auf ein Minimum, da zum einen Umschwingvorgänge in Schwingkreisen und zum anderen Spannungssprünge an der Spule des Meßaufnehmers ausgenutzt werden können, welche die gewünschten Signalverläufe zur Folge haben.

Beide Signalverläufe sind Gegenstand der weiteren Betrachtungen. Das durch einen Umschwingvorgang in einem Schwingkreis erzeugte Signal ist als optimal anzusehen. Die Periodendauer läßt sich unter Berücksichtigung des Energieerhaltungssatzes in Grenzen einstellen (Kapitel 5.1.6). Die Signale können auf die Wandlungsfrequenz von ca. 10 KHz der CMOS-A/D-Wandler und vorgegebene Abtastwertanzahl angepaßt werden. Benutzt man statt dessen ein Signal mit e-funktionsförmigem Verlauf, so wird die Zeit bis zur maximalen Amplitude durch die von der Spule des Meßaufnehmers vorgegebene Zeitkonstante bestimmt. Die Stromzeitfläche wird bei gleicher maximaler Amplitude in jedem Fall größer.

Als letzte Bedingung für die Eignung soll die für diese Signalverläufe erforderliche Bandbreite betrachtet werden. In Kapitel 5.2 wurde schon der Fehlereinfluß durch das Tiefpaßverhalten der Flüssigkeit beschrieben. Damit der Fehler des Modells zwischen den Zeitpunkten, zu denen der Modellparameter a_{1M} nachgestellt wird, nicht zu sehr anwächst, muß das Signal ein Spektrum aufweisen, dessen Frequenzanteile deutlich unter der 3 dB-Eckfrequenz des Übertragungskanals liegen. Diese Bandbegrenzung ermöglicht eine zusätzliche Rauschunterdrückung durch ein analoges Bandpaßfilter mit niedriger 3 dB-Eckfrequenz. Im folgenden werden die Betragsspektren der Signalverläufe angegeben.

Sinusimpuls:

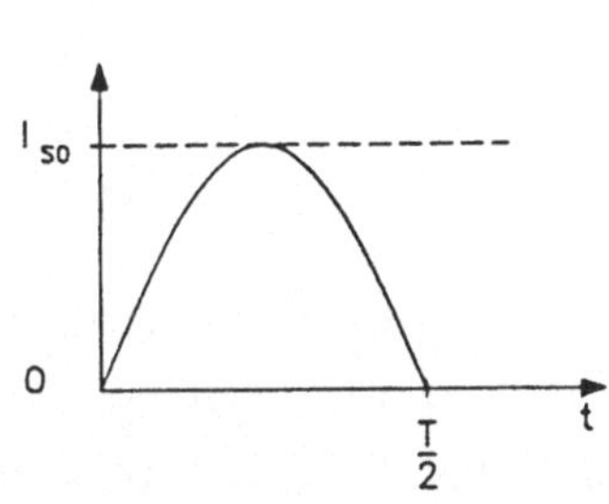

$$i_S(t) = I_{So} \cdot \cos(\omega_0 t - \omega_0 \tfrac{T}{4}) \Big|_0^{T/2}$$

Fouriertransformation und Betragsbildung ergibt:

$$i_S(\omega) = I_{So} \cdot \left[\frac{\sin(\omega-\omega_0)T/4}{\omega-\omega_0} + \frac{\sin(\omega+\omega_0)T/4}{\omega+\omega_0} \right] \tag{5.3.1}$$

e-Funktion:

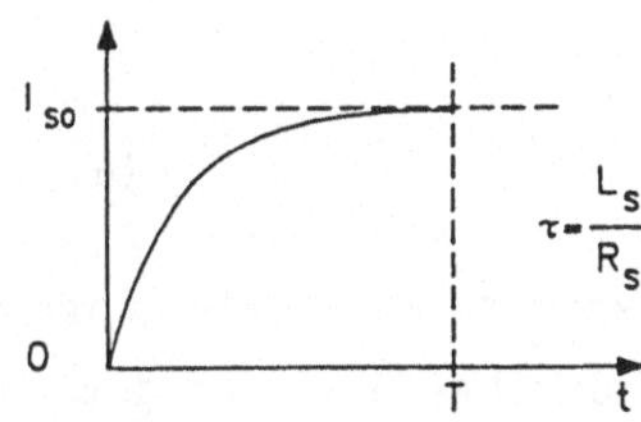

$$i_S(t) = I_{So} \cdot (1-e^{-\frac{T}{\tau}})$$

Fouriertransformation und Betragsbildung ergibt:

$$i_S(\omega) \cong I_{So} \cdot \sqrt{\left(\frac{1}{\omega} \cdot \sin(\omega T) - \frac{1}{\tau(\omega^2+1/\tau^2)}\right)^2 + \left(\frac{\omega}{\omega^2+1/\tau^2} + \frac{1}{\omega} \cdot \cos(\omega T) - \frac{1}{\omega}\right)^2}$$

für $T \geqslant 5\tau$ (5.3.2)

Bei beiden Signalverläufen können die spektralen Amplitudenverteilungen durch die Wahl der Zeitkonstanten beeinflußt werden. Das gilt insbesondere für den Sinusimpuls. Der Betrag der Amplituden der (sinx)/x-Funktion sinkt hyperbolisch mit steigender Frequenz.

6 Beseitigung der Fehlereinflüsse durch die transformatorische Störspannung

Ausgehend von den in Kapitel 5.3 ausgewählten Spulenstromverläufen $i_S(t)$ wird der Einfluß der transformatorischen Störspannung theoretisch untersucht. Sie wird entsprechend der Modelle in Kapitel 5.2 aus dem Spulenstrom berechnet. Die transformatorische Störspannung u_T ergibt sich somit für einen Spannungssprung der Höhe U_{S0} an der Spule zu

$$u_T(t) = U_{T0} \cdot e^{-\frac{t}{\tau_S}} \tag{6.1.1}$$

und für einen sinusförmigen Umschwingvorgang des Spulenstromes i_S mit der Amplitude I_{S0} zu

$$u_T(t) = U_{T0} \cdot \cos\omega t \tag{6.1.2}$$

Diese Spannungen treten in Abhängigkeit des entsprechenden Spulenstromes additiv zur Nutzspannung u_N am Meßverstärkereingang auf. Der Einfluß kapazitiver Störspannungen sowie des Tiefpaßfilters, das durch die Flüssigkeit gebildet wird, bleibt in diesem Kapitel unberücksichtigt. Der Einfluß stochastischer Störspannungen wird in Kapitel 6.2 berücksichtigt. Das Elektrodensignal u_E setzt sich demnach wie folgt zusammen

$$u_E(t) = u_N(t) + u_T(t) \tag{6.1.3}$$

Die weiteren Betrachtungen sollen im Gegensatz zu den Ableitungen in Abschnitt 5.2.3.6 in kontinuierlicher Zeit durchgeführt werden. Aus diesem Grunde muß die Schätzgleichung 5.2.22 von der diskreten in die kontinuierliche Zeit überführt werden. Dies gelingt durch Verkürzung der Abtastzeit T_A auf infinitesimal kleine Werte. Berücksichtigt man die Elektrodenspannung u_E anstatt des ungestörten Nutzsignales bei der Berechnung des Schätzwertes θ_M für die mittlere Strömungsgeschwindigkeit $\bar{v}$ mit dem LSQ-Verfahren, ergeben sich die Schätzgleichungen 6.1.4 für den e-funktionsförmigen Feldverlauf und 6.1.5 für den sinusförmigen Feldverlauf

$$\theta_{Me} = \frac{\int [U_{No} \cdot U_{Mo} \cdot (1-e^{-\frac{t}{\tau_S}})^2 + U_{To} \cdot U_{Mo} \cdot (1-e^{-\frac{t}{\tau_S}}) \cdot e^{-\frac{t}{\tau_S}}]\, dt}{\int U_{Mo}^2 \cdot (1-e^{-\frac{t}{\tau_S}})^2\, dt} \tag{6.1.4}$$

$$\theta_{Ms} = \frac{\int [U_{No} \cdot U_{Mo} \cdot \sin^2\omega t + U_{To} \cdot U_{Mo} \cdot \sin\omega t \cdot \cos\omega t]\, dt}{\int U_{Mo}^2 \cdot \sin^2\omega t\, dt} \tag{6.1.5}$$

U_{Mo} bezeichnet die Amplitude der Spannung am Meßwiderstand R_M für den Spulenstrom $i_S(t)$. Der zweite Summand im Integranden des Zählers stellt jeweils den jeweiligen Fehler dar, der durch die transformatorische Störspannung entsteht.

6.1 Die Auswahl eines geeigneten Signalverlaufs

Im Gegensatz zu Gl. 6.1.4 sind für Gl. 6.1.5 Bedingungen benennbar, unter denen der Fehler zu null wird. Die Bedingungen ergeben sich aus der Integralrechnung für trigonometrische Funktionen. Der Ausdruck wird null, wenn über eine halbe Periode der Sinusfunktion integriert wird. In der Praxis sind jedoch keine Feldverläufe realisierbar, die beispielsweise nur Oberwellen enthalten, die ungradzahlige Vielfache der Grundfrequenz von 30 Hz sind. Zur Veranschaulichung wird im folgenden ein Realisierungsvorschlag diskutiert. Er betrifft den LC-Oszillator.

Zur Erzeugung des sinusförmigen Spulenstromes soll ein mit einem rückgekoppelten Gegentaktverstärker (gute Symetrieeigenschaften) entdämpfter Parallelschwingkreis eingesetzt werden. Frequenzbestimmendes Glied des Schwingkreises ist neben der Induktivität der Erregerspule des Meßaufnehmers eine Kapazität, deren Größe über die Energiebilanz im Schwingkreis in Bezug auf den benötigten Spulenstrom errechnet werden kann (vgl. Kapitel 5.1). Die Zielsetzung der Energieeinsparung bedingt einen gesteuerten Schwingkreis, in dem jeweils nur ein oder allenfalls wenige Umschwingvorgänge zur Meßwerterzeugung stattfinden, so daß die Energieverluste auf ein Minimum beschränkt bleiben. Der Gegentaktverstärker sollte einen möglichst geringen Ruhestrom benötigen und den Schwingkreiskondensator während der Zeit, in der keine Messungen durchgeführt werden, nicht entladen. Damit die oben beschriebene Anordnung nach Einschalten der Betriebsspannung selbsttätig zu schwingen beginnt, muß die Verstärkung >> 1 sein und das rückgekoppelte Signal eine Phasenverschiebung von 360 Grad gegenüber Eingangssignal bei aufgetrennter Rückkopplung aufweisen. Die so entstehende aufklingende Schwingung wird dann nur durch den Sättigungsbereich des Verstärkers begrenzt. Als Folge entsteht ein sehr großer Oberwellengehalt der Schwingung. Dies kann vermieden werden, indem der Oszillator mit einer Amplitudenregelung ausgerüstet wird, welche die Verstärkung nach dem Anschwingen des Kreises auf den Betrag 1 zurückregelt. Hierzu muß wiederum Energie aufgewendet werden. Eine einfache Begrenzung des Verstärkereinganges mit Dioden führt beispielsweise wieder zu einem hohen Oberwellengehalt. Zur mathematischen Abschätzung des Einflusses der Oberwellen auf das Meßergebnis bei der magnetisch-induktiven Durchflußmessung unter Verwendung des LSQ-Verfahrens sei angenommen, daß die Sinushalbwelle betragsmäßig verschiedene Steigungen an der steigenden und an der fallenden Flanke aufweist, ähnlich wie bei gedämpften Schwingkreisen (vgl. Bild 5.1.9).

Zur Fehlerbetrachtung wird nur die erste Halbwelle des sinusförmigen, e-funktionsförmig gedämpften Spulenstromes mit der Dämpfungszeitkonstanten τ_L herangezogen. Die Nutzspannung u_N und die transformatorische Störspannung u_T ergeben sich dann zu

$$u_N(t) = U_{NO} \cdot \sin\omega t \cdot e^{-\frac{t}{\tau_L}} \tag{6.1.6}$$

$$u_T(t) = U_{TO} \cdot (\cos\omega t \cdot e^{-\frac{t}{\tau_L}} - \frac{1}{\omega \tau_L} \cdot \sin\omega t \cdot e^{-\frac{t}{\tau_L}}) \tag{6.1.7}$$

Entsprechend Gl. 6.1.4 muß im Schätzwert θ_M der Anteil

$$\frac{\int U_{NO}\cdot \sin\omega t\cdot e^{-\frac{t}{\tau_L}}\cdot U_{TO}\cdot(\cos\omega t\cdot e^{-\frac{t}{\tau_L}}-\frac{1}{\omega\tau_L}\cdot \sin\omega t\cdot e^{-\frac{t}{\tau_L}})\, d\omega t}{\int U_{MO}^2\cdot \sin^2\omega t\cdot e^{-\frac{2t}{\tau_L}} d\omega t} = 0 \qquad (6.1.8)$$

werden, damit die transformatorische Störspannung keinen Einfluß auf das Meßergebnis hat. Dieser Ausdruck stellt unter der Bedingung, daß über eine halbe Periode der Sinushalbwelle integriert wird, bei der Vernachlässigung von den Tiefpaßeigenschaften des Mediums und dem Einfluß von Temperaturänderungen eine Konstante dar, wie Gl. 6.1.9 zeigt.

$$\frac{\dfrac{U_{To}}{\frac{2}{\omega^2\tau_L^2}+2}\cdot\left[1-e^{-\frac{2\pi}{\omega\tau_L}}\right]}{\dfrac{U_{MO}\cdot\omega\cdot\tau_L}{2}\cdot\left[1-e^{-\frac{2\pi}{\omega\tau_L}}\right]-\dfrac{U_{MO}}{\frac{2}{\omega\tau_L}+2\omega\tau_L}\cdot\left[1-e^{-\frac{2\pi}{\omega\tau_L}}\right]} \overset{!}{=} \text{konst.} \qquad (6.1.9)$$

Nur unter diesen Bedingungen kann also in der Meßwertverarbeitung dieser Anteil abgezogen und damit das Meßergebnis korrigiert werden.

6.2 Der Einsatz einer zusätzlichen Leiterschleife parallel zu den Elektrodenzuleitungen

In [44] wird zur Kompensation der Einflüsse der transformatorischen Störspannung $u_T(t)$ eine Anordnung mit doppelter Elektrodenzuleitung vorgeschlagen (Bild 6.2.1). Hier dient ein Potentiometer zum Abgleich der Störspannung $u_T(t)$ auf 0V. Ein großer Nachteil dieser Anordnung liegt in der Temperatur- und Alterungsabhängigkeit. Der Abgleich auf den Nullpunkt kann sich im Laufe der Zeit verschlechtern. Das Meßgerät wäre dann mit einem größeren Fehler behaftet. Sehr vorteilhaft an der Anordnung ist, daß die Hilfszuleitung im Elektrodenkreis den gleichen thermischen und mechanischen Beanspruchungen ausgesetzt ist. Unter der Bedingung, daß beide Leitungen mechanisch fest aneinander gekoppelt sind, wird in beiden Leitungen in jedem Betriebspunkt die gleiche transformatorische Störspannung induziert. Es bietet sich also an, eine Referenzwicklung auf die oben aufgezeigte Art und Weise in den Meßaufnehmer einzubringen. Entgegen dem Vorschlag in

[44] wird diese Referenzwicklung jedoch nicht über ein Widerstandsnetzwerk mit den Elektrodenzuleitungen und dem Verstärkereingang verbunden.

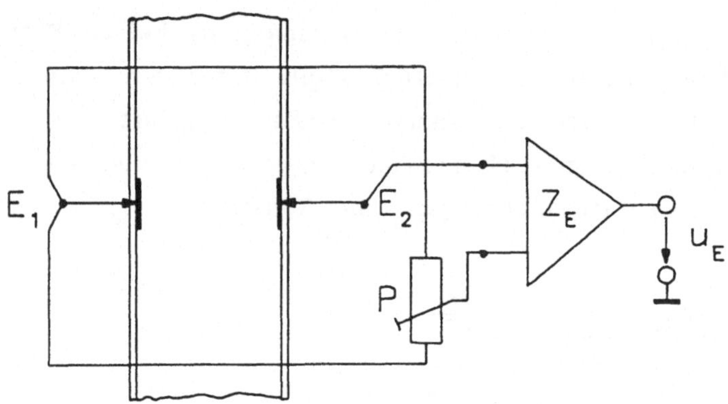

Bild 6.2.1: Anordnung zur Kompensation der transformatorischen Störspannung

Die Spannung an der Referenzwicklung u_{TR} weist den Meßergebnissen in Kapitel 3 zur Folge im Frequenzbereich kleiner 100 Hz keine meßbare Phasenverschiebung zur transformatorischen Störspannung u_T auf.

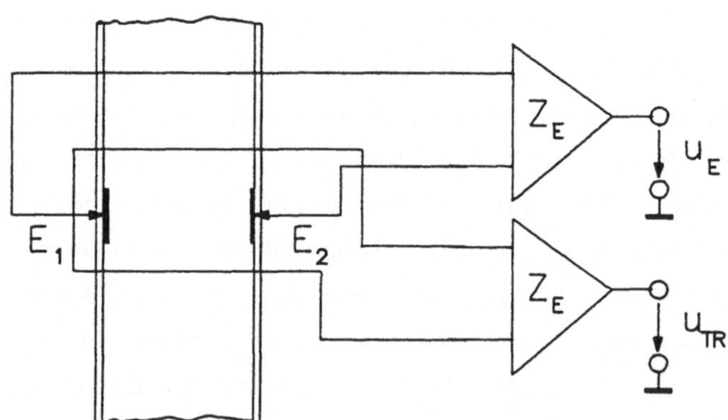

Bild 6.2.2: Leiterschleife zur Erfassung einer Referenzspannung für die tranformatorische Störspannung

Zur Kompensation muß also noch der Faktor zwischen der Referenzspannung und der transformatorischen Störspannung bestimmt werden.

Dies muß bei der mittleren Strömungsgeschwindigkeit $\bar{v} = 0$ m/s erfolgen. Berücksichtigt man die stochastischen Sörspannungen, so ergibt sich entsprechend Gl. 6.1.3

$$u_E(t) = u_T(t) + n(t, \eta, \bar{v}=0 \text{ m/s}, \theta) \qquad (6.2.1)$$

Zur Berechnung des Verhältnisses der transformatorischen Störspannung u_T zu ihrer Referenzspannung u_{TR} kann ebenfalls der LSQ-Algorithmus nach Gl. 5.2.22 eingesetzt werden. Gl. 6.2.2 zeigt diesen Anwendungsfall in zeitkontinuierlicher Form. Durch die mechanisch feste Kopplung behalten die Spannungen u_{TR} und u_T das gleiche Verhältnis zueinander. Der zeitliche Amplitudenverlauf der transformatorischen Störspannung $u_T(t)$ kann mit Hilfe der Referenzspannung $u_{TR}(t)$ und dem Faktor

$$\theta_1 = \frac{\int u_E(t)\,|_{v=0} \cdot u_{TR}(t)\; d\omega t}{\int u_{TR}^2(t)\; d\omega t} \qquad (6.2.2)$$

von der Meßwertverarbeitungseinrichtung berechnet werden.

Nun steht der zeitliche Verlauf der transformatorischen Störspannung der Meßwertverarbeitungseinrichtung zur Verfügung, so daß nicht mehr auf einen besonders oberwellenarmen Erregerstromverlauf geachtet werden muß. Allerdings sollte die transformatorische Störspannung die Eingangsverstärker nicht in die Sättigung treiben können. Dazu muß das Erregersignal bei Impulsbetrieb ein eng begrenztes Spektrum im unteren Spektralbereich aufweisen. Hierzu müssen Signale mit kleinem di(t)/dt eingesetzt werden. Diesen Bedingungen entsprechen Signale gemäß Kapitel 5.3. Der größte Vorteil dieser Art der Störsignalkompensation liegt darin, daß unter Einhaltung der angegebenen Bedingungen verschiedene Signalformen verwendbar sind, wie beispielsweise der Einschwingvorgang des Spulenstromes i_S nach einem Spannungssprung U_{SO} an der Spule des Meßaufnehmers oder der Umschwingvorgang in einem passiven Schwingkreis. Dies ermöglicht die Entwicklung einer energiearmen Meßsignalererzeugung im Sinne der Leistungsbilanz in Kapitel 5.

7 Fehler bei der Berechnung des Meßergebnisses für die Strömungsgeschwindigkeit

7.1 Fehlereinfluß durch unzureichende Kompensation der transformatorischen Störspannung

Nach Kapitel 5.2.2 steht zur Kompensation der transformatorischen Störspannung $u_T(t)$ die an einer Hilfswicklung zu messende Spannung $u_{TR}(t)$ zur Verfügung. In Kapitel 3 wurden bei kontinuierlichem sinusförmigem Spulenstrom beide Spannungsverläufe in Bezug auf ihre Phasenlage zueinander vergleichend untersucht und eine Abhängigkeit von der Frequenz gemessen. Dieser störende Einfluß der Phasenverschiebung zwischen u_T und u_{TR} kann durch eine digitale Filterung des vorauseilenden Signals kompensiert werden. Für Signalfrequenzen im Bereich 10–100Hz ist keine Kompensation der Phasenverschiebung bzw. des Einschwingverhaltens erforderlich. Sehr günstig für den Meßwertverarbeitungsalgorithmus wirkt sich die nahezu konstante Phasenverschiebung in Abhängigkeit von der Leitfähigkeit aus (vgl. Tabelle 3.3).

Bedingt durch Abtastjitter und die oben noch einmal aufgezeigten Abhängigkeiten von der Frequenz bzw. des Frequenzbereichs des Spulenstromes bleiben nach der Kompensation der transformatorischen Störspannung nach der Formel

$$u_N(t) = u_E(t) - \theta_1 \cdot u_{TR}(t) \tag{7.1.1}$$

noch Anteile

$$u_{TF}(t) = u_T(t) - \theta_1 \cdot u_{TR}(t) \tag{7.1.2}$$

im Meßsignal enthalten. Ein zusätzlicher Fehler entsteht bei der Berechnung von θ_1 durch den Einfluß der kapazitiven Störspannung, die unabhängig von der Strömungsgeschwindigkeit im Elektrodensignal enthalten ist. θ_1 wird entsprechend falsch bestimmt. Zusammenfassend kann man sagen, daß bei der Kompensation Fehler sowohl durch die Fehlbestimmung von θ_1 als auch ein Fehler durch Unterschiede im zeitlichen Verlauf von u_T und u_{TR} entstehen. Beide Fehler führen zu einem Offset im Meßergebnis (vgl. Kapitel 7.2), der konstant bleibt, solange sich weder die Materialeigenschaften noch die Frequenz bzw. die Bandbreite des Signals ändern.

Speziell die Amplitude der kapazitiven Störspannung ist im Vergleich zur Amplitude der transformatorischen Störspannung im Meßsignal klein. Bei praktischen Versuchen konnte das Verhältnis der Amplituden zu

$$\frac{U_C}{U_T} < 5\%$$

bestimmt werden. Zur Abschätzung des Fehlereinflusses wurden die im Mikrocomputer simulierten Signalverläufe eines Meßaufnehmers dem Meßwertverarbeitungsalgorithmus unterworfen. Die Berechnung erfolgte für verschiedene θ_1. θ_1 wurde dazu künstlich mit einem relativen Fehler versehen dessen Betrag zwischen 0% und 10% betrug. In Bild 7.1.1 ist der Betrag des relativen Fehlers des Schätzwertes θ_2 in Abhängigkeit vom Fehler des Schätzwertes θ_1 dargestellt. Er berechnet sich nach der Formel:

$$|F_{rel}| = \left| \frac{-\int \Delta\theta_1 \cdot u_{TR}(t) \cdot u_{RM}(t)\, dt}{\int (u_E(t) - \theta_1 \cdot u_{TR}(t)) \cdot u_{RM}(t)\, dt} \right| \qquad (7.1.3)$$

mit $\Delta\theta_1 = \theta_{1f} - \theta_1; \; \theta_1 \leq |\theta_{1f}| < \theta_1 \cdot 110\%$

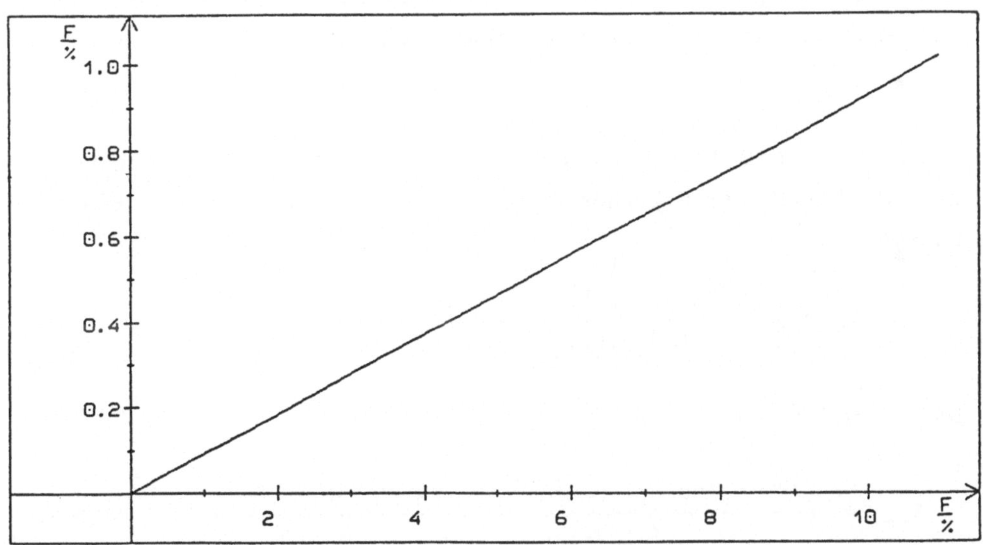

Bild 7.1.1: Fehlereinfluß durch unzureichende Kompensation der transformatorischen Störspannung

7.2 Fehlereinfluß der kapazitiven Störspannung

Bis jetzt wurde der Einfluß der kapazitiven und der ohmschen Störspannung auf die Berechnung der Nutzsignalamplitude vernachlässigt. Der Einfluß der ohmschen Störspannung ist bei den modernen Meßaufnehmern vernachlässigbar. Entsprechend der in Kapitel 3 beschriebenen Entstehung ist die kapazitive Störspannung in den an den Elektroden des Meßaufnehmers gemessenen Signalen additiv enthalten und geht somit auch in die Berechnung ein. Da die kapazitive Störspannung immer nur zusammen mit anderen Signalen auftritt, ist ihr Einfluß nicht meßtechnisch bestimmbar. Im folgenden wird er analytisch abgeleitet. Die Elektrodenspannung setzt sich entsprechend dem Modell Bild 5.2.2 wie folgt zusammen:

$$u_E(t) = u_N(t)+u_T(t)+u_{RC}(t) \tag{7.2.1}$$

Der Fehlereinfluß durch stochastische Störungen soll in diesem Kapitel unberücksichtigt bleiben.

Bei der Berechnung der Fehler wird den verschiedenen Einschwingzeiten der Signalpfade durch entsprechende Exponenten der e-Funktionen Rechnung getragen. Der Fehlereinfluß durch eine unzureichende Kompensation der transformatorischen Störspannung wird vernachlässigt.

Gemäß Gl. 5.2.22 berechnet sich der Schätzwert für die Strömungsgeschwindigkeit unter Berücksichtigung der oben angegebenen Bedingungen zu

$$\theta = \frac{\int (u_N(t)+u_C(t))\cdot u_{RM}(t)dt}{\int u_{RM}^2(t)dt} \tag{7.2.2}$$

Daraus ergibt sich der relative Fehler:

$$F_{rel} = \frac{\int (u_N(t)+u_C(t))\cdot u_{RM}(t)dt - \int u_N(t)\cdot u_{RM}(t)dt}{\int u_{RM}^2(t)dt} = \tag{7.2.3}$$

$$= \frac{\int u_C(t) \cdot u_{RM}(t)\,dt}{\int u_{RM}^2(t)\,dt} \qquad (7.2.4)$$

Die Spannungen $u_C(t)$ und $u_R(t)$ werden beide durch die Spulenspannung $u_S(t)$ bzw. den Spulenstrom $i_S(t)$ hervorgerufen. Wie aus den Modellen Bild 5.2.1 und 5.2.2 zu erkennen ist, besteht ein direkter Zusammenhang zwischen dem Spulenstrom und der Störspannung, der in erster Näherung als proportional anzusehen ist. Der relative Fehler ist also für jeden Meßaufnehmer als konstant anzusehen und verursacht im Meßergebnis einen Offset, der von der Meßwertverarbeitungseinheit abgezogen werden kann. Der Offsetfehler liegt im Geschwindigkeitsbereich von wenigen cm/s.

Nach [44] weist die kapazitive Störspannung bei kontinuierlichen sinusförmigen Spulenströmen eine Phasenverschiebung von ca. 180° zur Nutzspannung auf.

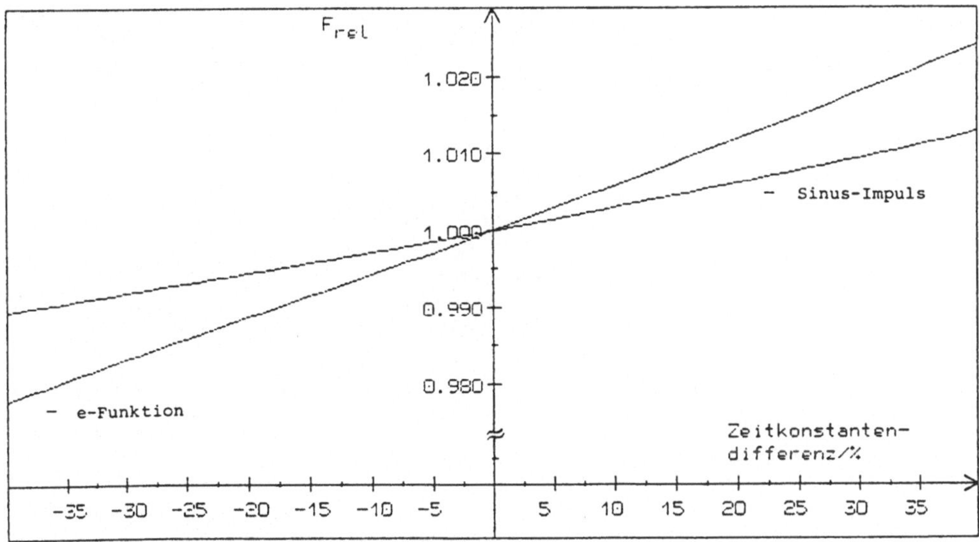

Bild 7.2.1: Fehlereinfluß durch die kapazitive Störspannung

Bei der Impulserregung wird die kapazitive Störspannung nach der Gleichung

$$u_C(t) = - a \cdot \int g(t-\tau) \cdot u_{RM}(t)\, d\tau \qquad (7.2.5)$$

gebildet. Das Faltungsintegral repräsentiert hier Einflüsse durch die Eigenschaften der Werkstoffe des Meßaufnehmers, so daß die Zeitkonstante τ_F größer oder kleiner sein kann als die Zeitkonstante τ_W, die bei der kapazitiven Störspannung wirksam wird. Die Größe a stellt einen einheitenlosen Proportionalitätsfaktor dar. Mit den Berechnungsgrundlagen, die in Kapitel 7.7 beschrieben sind, wurden die Fehlerdiagramme berechnet (Bild 7.2.1), die sich auf den Sinus- und den e-Funktionsimpuls beziehen. Als Parameter diente die relative Änderung der Zeitkonstanten τ_F und τ_W zueinander. Die Amplituden U_{RM}, U_C und U_N wurden für die Fehlerbetrachtung gleich groß gewählt.

7.3 Fehlereinfluß durch Rauschen

Auf Grund der praktischen Gegebenheiten können die Fehlereinflüsse des Rauschens nur durch Simulation untersucht werden. Bei Untersuchungen mit Meßergebnissen lassen sich zu wenig Einflußgrößen unabhängig voneinander verändern.

Versuche mit simulierten bandbegrenzten weißen Rauschprozessen ergaben im Vergleich mit Meßergebnissen am Meßaufnehmer jedoch wesentlich geringere Fehler. Die simulierten Rauschprozesse wiesen offenbar andere statistische Eigenschaften auf. Um den Fehlereinfluß durch die Simulation so gering wie möglich zu halten, wurde der zeitliche Verlauf des Rauschens am Meßaufnehmer durch 1500 Abtastwerte erfaßt und mittelwertbefreit. Dieser Rauschprozeß diente zur Simulation. Um die Zufallsabhängigkeit zu erhalten, wurde der Anfangspunkt in Bezug auf das simulierte Meßsignal durch einen Zufallsgenerator bestimmt. Als Grundlage dienten 470 Meßwerte des Meßsignals.

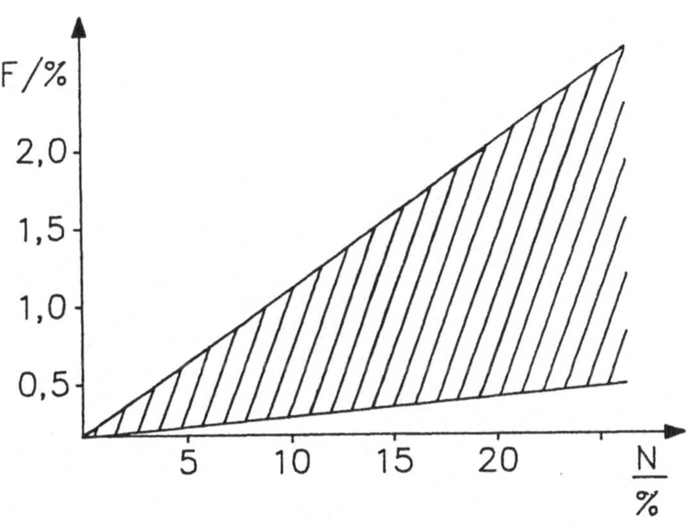

Bild 7.3.1: Relativer Fehler des Meßergebnisses in Abhängigkeit von der relativen Rauschamplitude bezogen auf die Nutzsignalamplitude

Mit dieser Anzahl an Abtastwerten ist eine ausreichend schnelle Verarbeitung der Meßwerte bei angemessenen Hardwarekosten schon nicht mehr möglich. Untersucht wurde der Fehlereinfluß verschieden großer Rauschamplituden auf das Meßergebnis (Bild 7.3.1) bei Verwendung des in Kapitel 5.2 abgeleiteten Meßwertverarbeitungsalgorithmus. Der schraffierte Bereich kennzeichnet den Fehlereinfluß. Die Begrenzungslinien kennzeichnen den maximalen und den minimalen Fehler, die bei dieser Meßwertverarbeitung mit simulierten Signalverläufen und Störprozessen auftraten. Die obere Grenzfrequenz betrug ca. 1 KHz, während die Signalbandbreite bei ca. 200Hz lag. Zur Berechnung des Meßergebnisses dienten 470 Abtastwerte bei einer Abtastfrequenz f_a=10kHz. Gemäß Gl. 5.2.8 müßte bei einem Stör- zu Nutzspannungsverhältnis von 10% die Abtastzeit

$$t_a \leq 43.5\mu s$$

sein. Mit Hilfe des LSQ-Algorithmus konnte unter gleichen Bedingungen bei einer Zeit t_a=100μs ein relativer Fehler vom Meßwert unter 0.5% erreicht werden.

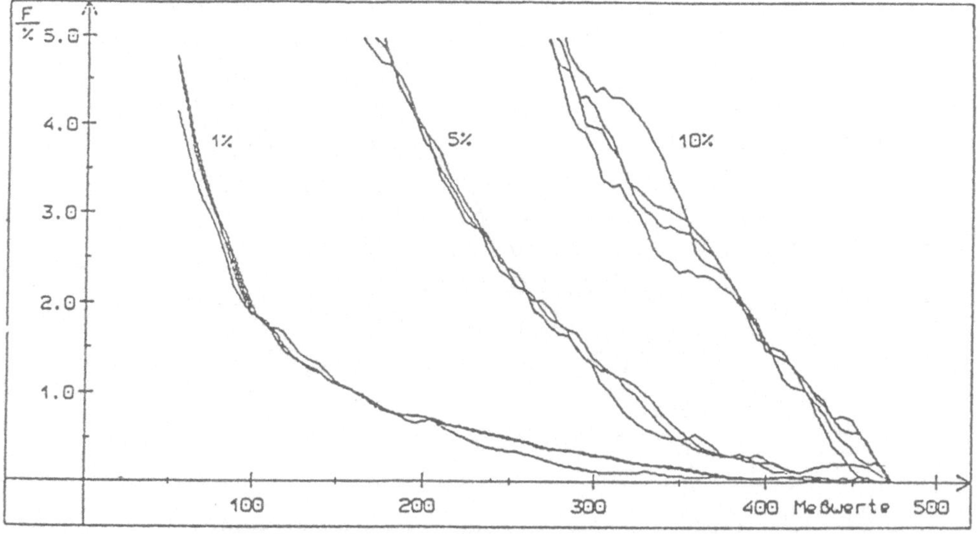

Bild 7.3.2: Zusätzlicher Fehler durch Signalverkürzung

Zusätzlich zum LSQ-Algorithmus wirkte sich die hohe Überabtastung des Signals vorteilhaft aus. Bei der verwendeten Signalform sind geringere Bandbreiten von beispielsweise <100Hz möglich. Rauscheinflüsse können so noch erheblich reduziert werden.

In einer weiteren Versuchsreihe wurde der zusätzliche Fehler untersucht, der durch Verkürzung des auswertbaren Signalverlaufs bei gleicher Abtastfrequenz entsteht. Als Parameter diente die Maximalamplitude des Rauschens. Der Fehler wurde in Bezug auf das Meßergebnis bei Überlagerung durch den entsprechenden Rauschprozeß unter Ausnutzung aller Meßwerte berechnet. Dargestellt wurde der Betrag des entstehenden Fehlers (Bild 7.3.2).

7.4 Fehlereinflüsse durch das Abtast- und Halteglied

Nach dem Shannonschen Abtasttheorem muß die Abtastfrequenz f_0 des Haltegliedes vor der digitalen Meßwertverarbeitung mindestens doppelt so groß sein wie die höchste im Meßsignal enthaltene Frequenz f_m. Je nach Wahl des Analog-Digital-Wandlerverfahrens müssen analoge Antialiasingfilterstufen vor dem Abtastglied eingesetzt werden, um die erforderliche Bandbegrenzung zu erreichen. Hierbei wird jedoch vorausgestzt, daß das abzutastende Meßsignal über einen idealen Tiefpaß geführt wird, dessen Amplitudengang bis $f_0/2$ konstant und oberhalb dieser Frequenz gleich Null ist.

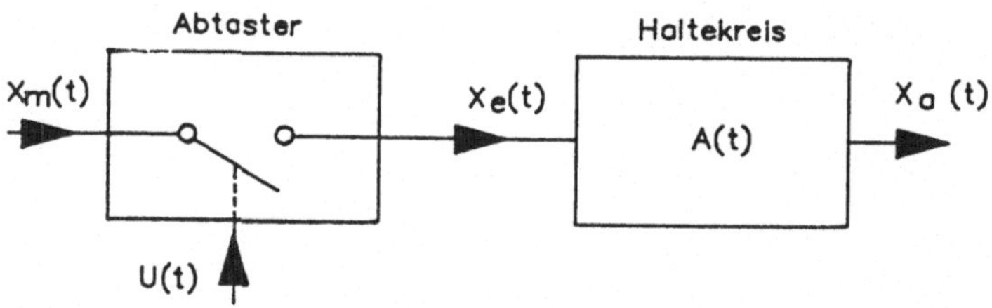

Bild 7.4.1: Extrapolation nullter Ordnung mit einem Abtast- und einem Halteglied

Nach [61] kann für den realen Abtastkreis, bestehend aus dem Abtast- und Halteglied für die Extrapolation nullter Ordnung des Meßwertes, ein Amplitudengang

$$A(\omega) = \frac{T_0}{\pi} \cdot \frac{\sin(\omega T_0/2)}{\omega T_0/2} \tag{7.4.1}$$

und ein Phasengang

$$\phi(\omega) = - \omega \cdot T_0/2 \tag{7.4.2}$$

angegeben werden, wodurch sich der relative Abtastfehler F_{Ar} mit

$$F_{Ar} = \frac{\sin(\omega T_0/2)}{\omega T_0/2} - 1 = \frac{\sin(\pi f_m/f_0)}{\pi f_m/f_0} - 1 \tag{7.4.3}$$

zu

$$F_{Ar} = \frac{(\pi f_m/f_o)^2}{3!} + \frac{(\pi f_m/f_o)^4}{5!} - \ldots \tag{7.4.4}$$

berechnen läßt. Das Verhältnis f_m/f_o kann nun in Abhängigkeit vom zulässigen relativen Abtastfehler näherungsweise als

$$\frac{f_m}{f_o} \cong \frac{1}{\pi} \sqrt{6 \cdot F_{Ar}} \tag{7.4.5}$$

dargestellt werden. Nach Bild 7.4.2 wird f_o/f_m für eine angenommene Klassengenauigkeit des magnetisch-induktiven Durchflußmessers von $F_{rel} < 1$ % bereits zu 13. Mit einem Sicherheitsfaktor, der die durch andere Einflußgrößen entstehenden Fehler berücksichtigt, muß die Abtastfrequenz der digitalen Meßwertverarbeitung mit $F_{rel} < 0{,}1$ % bereits 40-mal höher sein als die höchste im Elektrodensignal enthaltene Frequenz.

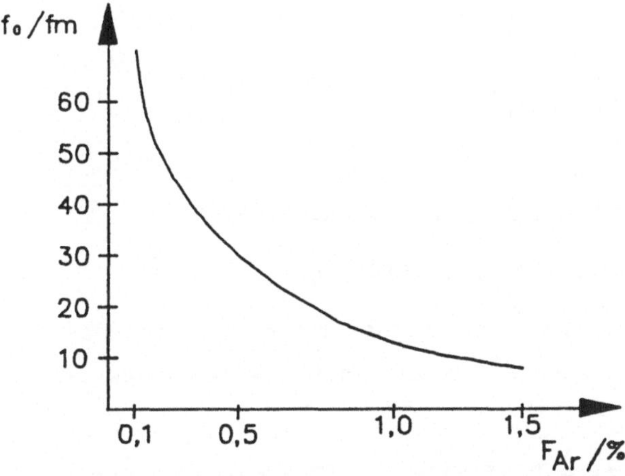

Bild 7.4.2: Das Verhältnis f_o/f_m als Funktion des zulässigen Fehlers F_{Ar} durch die Extrapolation nullter Ordnung

Nach [44] ist die durch das Fluid bedingte Grenzfrequenz $f_{gf} \cong$ 1kHz. Die Frequenz des signalerzeugenden Spulenstromes liegt jedoch deutlich unter f_g. Entscheidend ist also die durch die vorgeschalteten Filter bewirkte Bandbegrenzung. In der praktischen Realisierung kann eine Begrenzung auf 250Hz vorgenommen werden. Mit dieser Grenzfrequenz f_g bei der Meßwerterfassung können selbst Dosierungsprobleme bewältigt werden. Die für ein Gerät zu fordernde Abtastperiode ergibt sich somit zu ca. 0,1ms.

7.5 Fehler durch die digitale Modellbildung

Zur Meßsignalbildung werden Stromimpulse in der Spule des Meßwertaufnehmers ausgenutzt. Alle analogen Schaltkreise können somit nicht den quasi stationären Zustand erreichen, wie er beispielsweise der Wechselstromlehre zu Grunde liegt. Diese Randbedingung muß bei der digitalen Modellbildung berücksichtigt werden. Das gilt insbesondere für den digitalen Tiefpaß, der den Einfluß des Fluids kompensiert. Die folgenden Betrachtungen beziehen sich auf den Fehler, der zwischen einem digitalen und einem analogen Tiefpaß 1. Ordnung gleicher Eckfrequenz bei der Filterung von einmaligen Vorgängen in Abhängigkeit von der Zeit entsteht. Als Eingangsimpuls diente eine Sprungfunktion. Die Berechnung der Parameter der Z-Übertragungsfunktion digitaler Filter erfolgt nach [85].

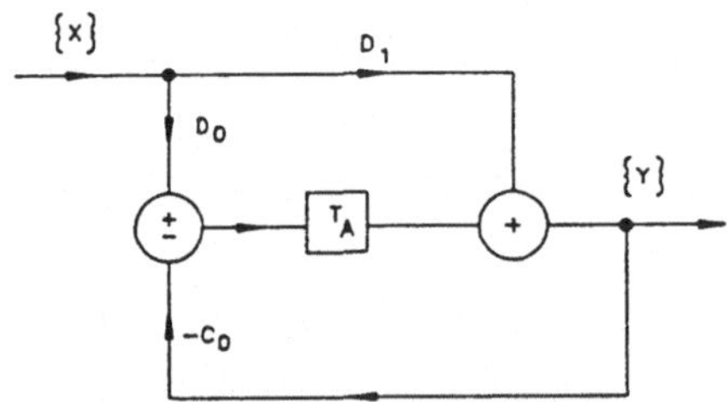

Bild 7.5.1: Digitales Filter 1. Ordnung

Bild 7.5.1 zeigt ein digitales Filter erster Ordnung, das aus einem Verzögerungsglied besteht. Die Z-transformierte Ausgangsfolge ergibt sich nach [85]

$$Y(z) = D_1 \cdot X(z) + z^{-1} \cdot [D_0 \cdot X(z) - C_0 \cdot Y(z)]. \tag{7.5.1}$$

Daraus berechnet sich die digitale Übertragungsfunktion

$$A(z) = \frac{Y(z)}{X(z)} = \frac{D_0 + D_1 z}{C_0 + z} \quad . \tag{7.5.2}$$

Die Übertragungsfunktion eines analogen Filters erster Ordnung lautet

$$A(s) = \frac{Y(P)}{X(P)} = \frac{d_0 + d_1 s}{c_0 + s} \quad . \tag{7.5.3}$$

Die Transformationsgleichung für die komplexe Frequenzvariable lautet

$$P = l \cdot \frac{z-1}{z+1} \quad \text{mit } l = \cot\frac{p}{\omega_a} \quad \text{und } \omega_a = \frac{f_a}{f_g} \tag{7.5.4}$$

mit

f_a = Taktfrequenz des digitalen Filters und
f_g = Grenzfrequenz des analogen Filters.

Durch Einsetzen von Gl. 7.5.4 in Gl. 7.5.3 und Koeffizientenvergleich mit Gl. 7.5.2 ergeben sich

$$D_0 = \frac{d_0-d_1\cdot 1}{c_0+1}, \quad D_1 = \frac{d_0+d_1\cdot 1}{c_0+1} \quad \text{und} \quad C_0 = \frac{c_0-1}{c_0+1}. \tag{7.5.5}$$

Da physikalische Prozesse im allgemeinen nicht sprungfähig sind, wird in [52, 53] der Koeffizient D_1 gleich Null gesetzt. Man erhält so einen Tiefpaß ohne Durchkopplung. Bei der Rücktransformation wird aber d_1 ungleich Null, es tritt also eine Nullstelle im Zählerpolynom der analogen Übertragungsfunktion auf, wodurch die Dämpfung für große Frequenzen endlich bleibt. Laut [85] weist eine derartige Schaltung nur ein tiefpaßähnliches Verhalten auf.

Setzt man einen realen analogen Tiefpaß mit $d_1 = 0$ nach Gl. 7.5.5 in einen digitalen Tiefpaß um, so erhält man einen Tiefpaß mit Durchkopplung. Das heißt, ein von Null verschiedenes D_1 und damit einen Sprung am Ausgang zum Zeitpunkt Null, während die Dämpfung für hohe Frequenzen wie beim analogen Tiefpaß gegen unendlich geht.

In beiden Fällen tritt also ein Widerspruch durch die Transformationsvorschrift auf. Während beim Tiefpaß ohne Durchkopplung durch die Rücktransformation aus einem sprungfreien digitalen Tiefpaßfilter ein sprungbehaftetes analoges Filter mit tiefpaßähnlichem Verhalten ensteht, erhält man bei der Transformation eines realen analogen Tiefpasses in den Bildbereich der Z-Transformation ein digitales Filter mit tiefpaßähnlichem Verhalten. Damit liegt die Vermutung nahe, daß der Fehler durch die Bilinear-Transformation entsteht. Eine weitergehende Untersuchung ergab, daß die Zuordnungvorschrift für die Bilinear-Transformation das erste Element der Reihenentwicklung des natürlichen Logarithmus ist [57, 85].

Um ein geeignetes digitales Filter zu entwerfen, wurde ein Programm entwickelt, das die Sprungantwort je eines digitalen Tiefpasses 1. Ordnung sowohl mit als auch ohne Durchkopplung und den Verlauf einer Exponentialfunktion mit entsprechender Zeitkonstante errechnet, und den auf den jeweiligen Wert der Exponentialfunktion bezogenen Fehler graphisch darstellt. Wie die Bilder 7.5.2 und 7.5.3 zeigen, ist der Fehler bei einem Tiefpaß ohne Durchkopplung um etwa eine Zehnerpotenz geringer, als der eines Tiefpasses mit Durchkopplung.

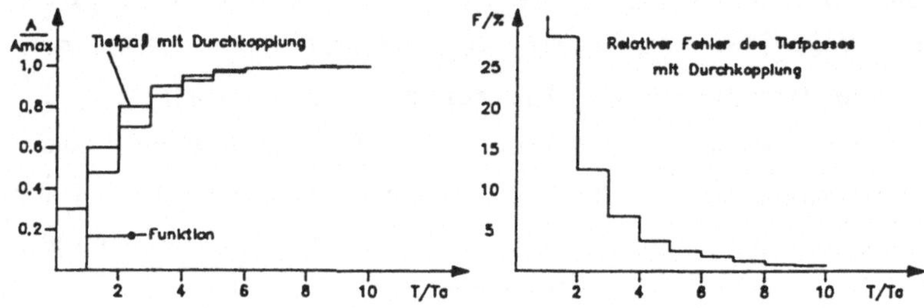

Bild 7.5.2: Sprungantwort und relativer Fehler eines Tiefpasses 1. Ordnung mit Durchkopplung

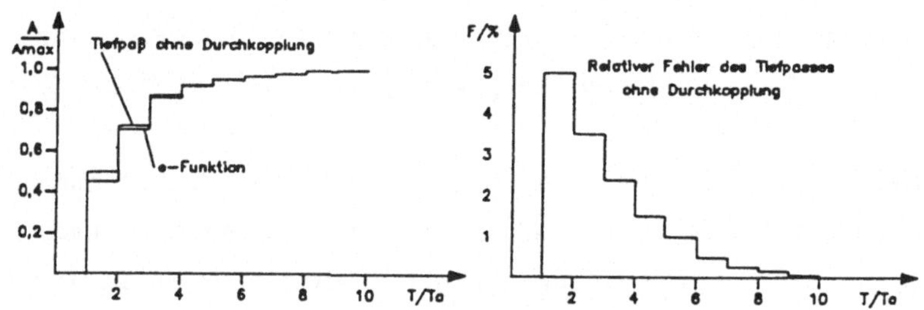

Bild 7.5.3: Sprungantwort und relativer Fehler eines Tiefpasses 1. Ordnung ohne Durchkopplung

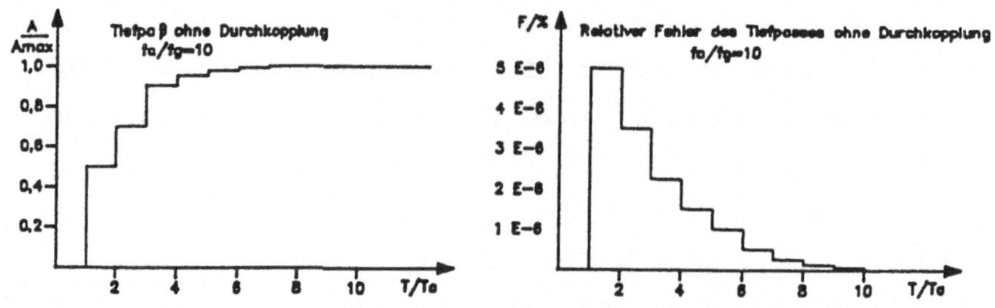

Bild 7.5.4: Sprungantwort und relativer Fehler eines korrigierten Tiefpasses 1. Ordnung ohne Durchkopplung

f_a/f_g	Korrekturfaktor	Restfehler in %
5	0,76649688316	$1,9180477453 \cdot 10^{-6}$
6	0,83220242096	$9,7756369799 \cdot 10^{-6}$
7	0,87403057648	$5,5000741169 \cdot 10^{-6}$
8	0,90215443207	$6,5720134966 \cdot 10^{-6}$
9	0,92190693451	$4,7825286348 \cdot 10^{-6}$
10	0,93628095222	$5,9210100854 \cdot 10^{-6}$
15	0,97117637230	$7.1161394656 \cdot 10^{-6}$
20	0,98368452621	$3,2790649657 \cdot 10^{-6}$
25	0,98952745033	$2,3821604241 \cdot 10^{-6}$
30	0,99271582199	$6,5895176674 \cdot 10^{-6}$
40	0,99589608742	$0,7354700661 \cdot 10^{-6}$
50	0,99737154079	$0,9552133915 \cdot 10^{-6}$
60	0,99817393852	$1,5966161823 \cdot 10^{-6}$
70	0,99865816666	$7,2309798773 \cdot 10^{-6}$
80	0,99897240234	$3,5834683354 \cdot 10^{-6}$

Tabelle 7.5.1: Korrekturfaktor für l in Abhängigkeit vom Verhältnis der Frequenzen

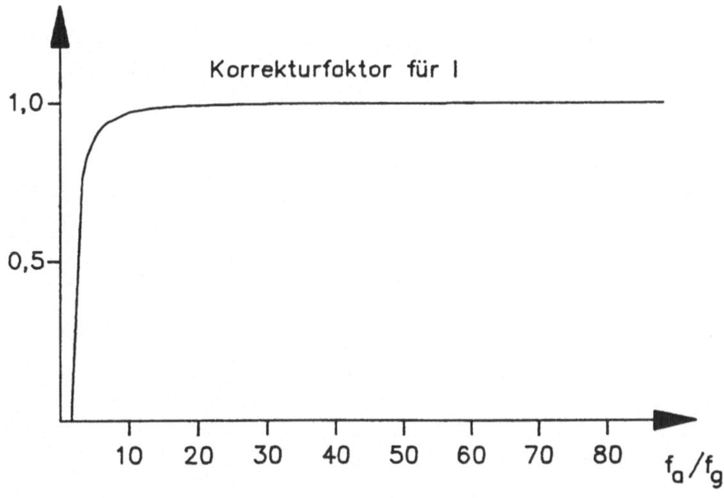

Bild 7.5.5: Korrekturfaktor für l in Abhängigkeit vom Verhältnis der Frequenzen

Zur Untersuchung, ob eine Verringerung des Fehlers bei einem Tiefpaß ohne Durchkopplung möglich ist, wurden die einzelnen Parameter variiert. Dabei ergab sich, daß sich durch eine Verkleinerung des Parameters l die Kurven der Sprungantwort und der Exponentialfunktion soweit zur Deckung bringen lassen, daß der entstehende Fehler im Subpromillebereich liegt (Bild 7.5.4). Wendet man jedoch den gleichen Korrekturfaktor bei einem anderen Verhältnis von Taktfrequenz zu Grenzfrequenz des analogen Tiefpasses an, wird der Fehler weniger reduziert oder überkompensiert, also negativ. Es zeigte sich, daß der Korrekturfaktor über dem Verhältnis der Frequenzen aufgetragen einen Kurvenverlauf ergibt, der große Ähnlichkeit mit dem einer logarithmischen Funktion aufweist (Bild 7.5.5 und Tabelle 7.5.1).

7.6 Fehlereinfluß durch Einkopplunglungen aus dem öffentlichen Stromversorgungsnetz

Begrenzt wird die Störsignalunterdrückung durch die maximal mögliche Eingangsspannung des A/D-Wandlers in Abhängigkeit der Verstärkung. In Bezug auf die transformatorische Störspannung stellt diese Begrenzung keine wirkliche Einschränkung dar. Untersuchungen an verschiedenen Meßaufnehmern des Typs X1000 (Altometer) ergaben Spannungsamplituden im Bereich um 20 μV, wenn der Spulenstrom auf eine Amplitude von 100 mA eingestellt wurde. Bei einer Verstärkung von 70000, einem Eingangsspannungsbereich von +/- 5V und der Strömungsgeschwindigkeit 0 m/s darf die Summe der transformatorischen Störspannung und der Brummspannung nicht größer als 71.43 μV werden. Mit zunehmender Strömungsgeschwindigkeit ist es möglich, die Verstärkung V auf einen kleineren Wert einzustellen. Dieser Zusammenhang wird durch die folgende Gleichung beschrieben.

$$U_{max} = \frac{U_{EA}}{D \cdot 2 \cdot V} \tag{7.6.1}$$

Die Reduzierung der Störeinflüsse durch das öffentliche Versorgungsnetz ist in diesem Zusammenhang von entscheidender Bedeutung. Versuche mit den an industriellen Meßaufnehmern üblichen Kurzschlußbrücken und Erdungsmaßnahmen zeigten im Laborbetrieb gute Ergebnisse. Der Einfluß der transformatorischen Störspannung war deutlich größer als der der Brummspannung. Damit die Brummspannung keinen zusätzlichen Meßfehler erzeugt, ist es zweckmäßig, den Brummspannungsverlauf ohne Nutzsignal und ohne transformatorische Störspannung über eine oder mehrere Perioden zu messen und diesen Verlauf vom gestörten Meßsignal phasengleich abzuziehen. Damit überlagern nur noch Restanteile der Brummspannung das Nutzsignal, die durch eine nicht exakt phasengleiche Subtraktion entstehen. Diese Verschiebungen des Winkels Φ können beispielsweise durch Netzfrequenzschwankungen oder Abtastjitter hervorgerufen werden. Die Störspannung läßt sich in Abhängigkeit der Phasenverschiebung und dem zeitlichen Amplitudenverlauf mathematisch beschreiben (Gl. 7.6.2). In Bild 7.6.1 wird ihr Fehlereinfluß auf das Meßergebnis bei der Anwendung des LSQ-Algorithmus zur Meßwertverarbeitung dargestellt.

Der Fehler wurde für den e-Funktion- und den Sinusimpuls berechnet.

$$F_{rel} = \frac{\int (u_N(t)+u_{St}(t)) \cdot u_{RM}(t)dt - \int u_N(t) \cdot u_{RM}(t)dt}{\int u_{RM}^2(t)\ dt} \tag{7.6.2}$$

$$F_{rel} = \frac{\int U_{St} \cdot (\cos(\omega t+\phi) - \cos\omega t) \cdot u_{RM}(t)dt}{\int u_{RM}^2(t)\ dt} \tag{7.6.3}$$

Bei den Berechnungen wurde vorausgesetzt, daß über eine Periodendauer der Netzfrequenz integriert wird und die Amplituden von Nutzsignal und Störung gleich groß sind. Die Zeitkonstanten entsprachen denen bei praktischen Versuchen (τ_L=0.02s, τ_F=0.001s). Der Fehlerbetrag beim e-Funktionimpuls liegt deutlich unter dem des Sinusimpulses. Die Ursache liegt in den verschieden großen Spannungszeitflächen der Signale begründet.

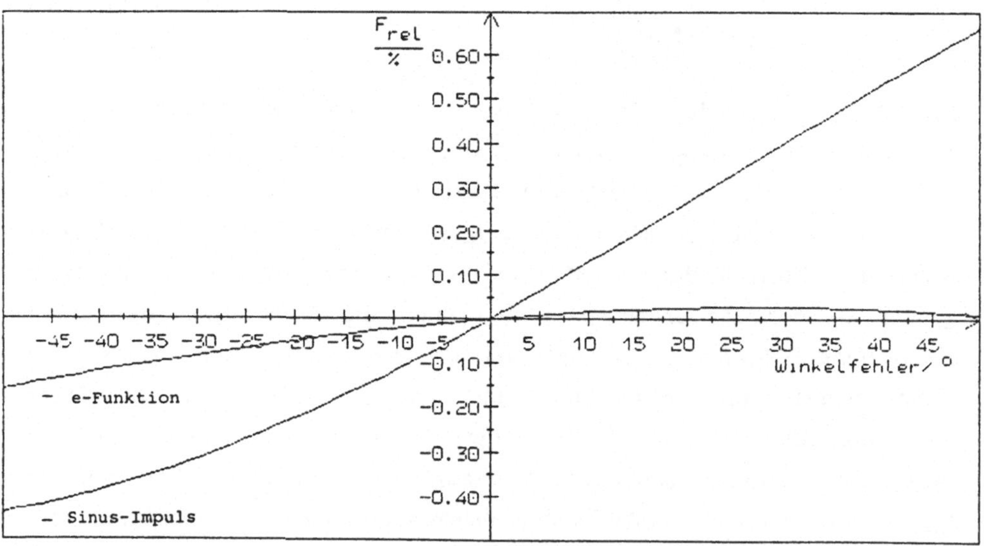

Bild 7.6.1: Fehlereinfluß durch Einkopplungen aus dem Stromversorgungsnetz

Bei einer Abtastfrequenz von 10KHz entspricht eine Verschiebung um den zeitlichen Abstand zwischen zwei Abtastwerten einer Verschiebung um ca. 2° der Brummspannung.

7.7 Fehlereinfluß durch schlechte Anpassung der Modellparameter

In der allgemeinen Herleitung des Meßwertverarbeitungsverfahrens in Kapitel 5.2.3 wurde die mögliche Fehlanpassung zwischen Modell (Bild 5.2.7) und Meßaufnehmer aufgezeigt. Insbesondere bei großen Störsignalamplituden, speziell der stochastischen Störspannungen, gestaltet sich eine hinreichend genaue Nachführung des Modells schwierig. In diesem Fall entstehen auf Grund der unterschiedlichen Impulsantworten von Modell und Meßaufnehmer Fehler bei der Berechnung des Meßwertes. In den zwei Unterkapiteln 7.7.1 und 7.7.2 wird der Einfluß dieser Fehlanpassung bei den sinusimpuls- und e-funktionsförmig verlaufenden Eingangssignalen analytisch untersucht. Eine meßtechnische Untersuchung ist durch den Fehlereinfluß des Rauschens nicht möglich. Als Bewertungskriterium dient der relative Fehler in Abhängigkeit von der Fehlanpassung zum simulierten Nutzsignal u_N. Es soll die Voraussetzung gelten, daß beim Sinusimpuls über die Zeitdauer einer Halbwelle und bei der e-Funktion über die gleiche Zeit integriert wird. Dies bedeutet keine entscheidende Einschränkung, da zur Berechnung des Meßwertes möglichst das gesamte Meßsignal ausgewertet werden soll. Diese Voraussetzung ermöglicht zusätzlich den direkten Vergleich der Ergebnisse für beide Signalverläufe.

Der relative Fehler durch Fehlanpassung des Modells berechnet sich unter der Bedingung, daß Referenzsignal $u_R(t)$ und Nutzsignal $u_N(t)$ die gleiche Amplitudenhöhe haben zu

$$F_{rel} = \frac{\int u_N(t) \cdot u_{Rf}(t)dt}{\int (u_{Rf}(t))^2 dt} - 1 \qquad (7.7.1)$$

Hierin stellt $u_{Rf}(t)$ das mit Hilfe des Modells aus dem Signal $u_{RM}(t)$ erzeugte Referenzsignal dar.

7.7.1 Fehlereinfluß beim sinusimpulsförmigen Feldverlauf

Mit Hilfe der Laplace-Transformation wird zunächst der zeitliche Verlauf von Nutz- und Referenzsignal bestimmt. Das Nutzsignal hat den zeitlichen Verlauf einer gedämpften Sinusschwingung (vgl. Kapitel 5.1), von der nur die erste Halbwelle ausgenutzt wird

$$u_N(t) = U_N \cdot \sin\omega t \cdot e^{-(t/\tau_L)} \tag{7.7.2}$$

bzw. im Bildbereich

$$U_N(s) = \frac{\omega}{(s+\frac{1}{\tau_L})^2+\omega^2} \tag{7.7.3}$$

Im Bildbereich der Laplace-Transformation wird der Signalverlauf mit der Übertragungsfunktion eines Tiefpaßfilters

$$G(s) = \frac{1}{\tau_{F1} \cdot (s+\frac{1}{\tau_{F1}})}, \tag{7.7.4}$$

wie ihn die Flüssigkeit im Meßwertaufnehmer darstellt, multipliziert. Nach der Rücktransformation des Produkts ergibt sich im Zeitbereich die Nutzspannung

$$u_N(t)=U_N \cdot \left(\frac{e^{-t/\tau_L}}{\tau_{F1} \cdot (\omega^2+(\frac{1}{\tau_{F1}} - \frac{1}{\tau_L})^2} \cdot ((\frac{1}{\tau_{F1}} - \frac{1}{\tau_L}) \cdot \sin\omega t - \omega \cdot \cos\omega t) + \frac{\omega}{\tau_{F1}} \cdot \frac{e^{-t/\tau_{F1}}}{(\frac{1}{\tau_L} - \frac{1}{\tau_{F1}})^2+\omega^2}\right) \tag{7.7.5}$$

Das fehlerbehaftete Ausgangssignal des Modells $u_{Rf}(t)$ unterscheidet sich vom Signal $u_N(t)$ nur durch eine unterschiedliche Zeitkonstante τ_{F2}. Im fehlerfreien Fall stimmen die Zeitkonstanten τ_{F1} und τ_{F2} überein.

Setzt man die Ausdrücke für $u_N(t)$ und $u_{Rf}(t)$ in Gl. 7.7.1 ein und führt die Integration über die halbe Periodendauer T/2 der Sinusfunktion aus, erhält man den relativen Fehler in Abhängigkeit der Zeitkonstanten τ_{F1} und τ_{F2}. Aus Gründen der Übersichtlichkeit ist der relative Fehler nicht als Bruch darstellbar. Zähler und Nenner von Gl. 7.7.1 werden deshalb einzeln dargestellt. Der Zähler berechnet sich zu:

$$\int u_N(t) \cdot u_{Rf}(t)dt = U_N \cdot U_{Rf} \cdot \left[\frac{(\frac{1}{\tau_{F1}} - \frac{1}{\tau_L}) \cdot (\frac{1}{\tau_{F2}} - \frac{1}{\tau_L}) \cdot \tau_L \cdot (1-e^{-T/\tau_L})}{4 \cdot \tau_{F2} \cdot (\omega^2+(\frac{1}{\tau_{F2}} - \frac{1}{\tau_L})^2) \cdot \tau_{F1} \cdot (\omega^2+(\frac{1}{\tau_{F1}} - \frac{1}{\tau_L})^2)}\right.$$

$$
- \frac{1}{(\frac{4}{\tau_L^2} + 4\cdot\omega^2)} \cdot \frac{(\frac{1}{\tau_{F1}} - \frac{1}{\tau_L})\cdot(\frac{1}{\tau_{F2}} - \frac{1}{\tau_L})\cdot(1-e^{-T/\tau_L})}{\tau_L\cdot\tau_{F2}\cdot(\omega^2+(\frac{1}{\tau_{F2}} - \frac{1}{\tau_L})^2)\cdot\tau_{F1}\cdot(\omega^2+(\frac{1}{\tau_{F1}} - \frac{1}{\tau_L})^2)}
$$

$$
- \frac{\omega^2}{(\frac{4}{\tau_L^2} + 4\cdot\omega^2)} \cdot \frac{(\frac{1}{\tau_{F1}} - \frac{1}{\tau_L})\cdot(1-e^{-T/\tau_L})}{\tau_{F2}\cdot(\omega^2+(\frac{1}{\tau_{F2}} - \frac{1}{\tau_L})^2)\cdot\tau_{F1}\cdot(\omega^2+(\frac{1}{\tau_{F1}} - \frac{1}{\tau_L})^2)}
$$

$$
- \frac{\omega^2}{(\frac{4}{\tau_L^2} + 4\cdot\omega^2)} \cdot \frac{(\frac{1}{\tau_{F2}} - \frac{1}{\tau_L})\cdot(1-e^{-T/\tau_L})}{\tau_{F2}\cdot(\omega^2+(\frac{1}{\tau_{F2}} - \frac{1}{\tau_L})^2)\cdot\tau_{F1}\cdot(\omega^2+(\frac{1}{\tau_{F1}} - \frac{1}{\tau_L})^2)}
$$

$$
+ \frac{\omega^2\cdot\tau_L}{4\cdot\tau_{F2}\cdot(\omega^2+(\frac{1}{\tau_{F2}} - \frac{1}{\tau_L})^2)\cdot\tau_{F1}\cdot(\omega^2+(\frac{1}{\tau_{F1}} - \frac{1}{\tau_L})^2)} \cdot (1-e^{-T/\tau_L})
$$

$$
- \frac{\omega^2}{(\frac{4}{\tau_L^2} + 4\cdot\omega^2)} \cdot \frac{(1-e^{-T/\tau_L})}{\tau_L\cdot\tau_{F2}\cdot(\omega^2+(\frac{1}{\tau_{F2}} - \frac{1}{\tau_L})^2)\cdot\tau_{F1}\cdot(\omega^2+(\frac{1}{\tau_{F1}} - \frac{1}{\tau_L})^2)}
$$

$$
+ \frac{\omega^2}{((\frac{1}{\tau_L} + \frac{1}{\tau_{F2}})^2+\omega^2)} \cdot \frac{(\frac{1}{\tau_{F1}} - \frac{1}{\tau_L})\cdot(1+e^{-\frac{T}{2}\cdot(1/\tau_L+1/\tau_{F2})})}{\tau_{F2}\cdot(\omega^2+(\frac{1}{\tau_{F2}} - \frac{1}{\tau_L})^2)\cdot\tau_{F1}\cdot(\omega^2+(\frac{1}{\tau_{F1}} - \frac{1}{\tau_L})^2)}
$$

$$
- \frac{\omega^2}{((\frac{1}{\tau_L} + \frac{1}{\tau_{F2}})^2+\omega^2)} \cdot \frac{(\frac{1}{\tau_{F2}} + \frac{1}{\tau_L})\cdot(1+e^{-\frac{T}{2}\cdot(1/\tau_L+1/\tau_{F2})})}{\tau_{F2}\cdot(\omega^2+(\frac{1}{\tau_{F2}} - \frac{1}{\tau_L})^2)\cdot\tau_{F1}\cdot(\omega^2+(\frac{1}{\tau_{F1}} - \frac{1}{\tau_L})^2)}
$$

$$
+ \frac{\omega^2}{((\frac{1}{\tau_L} + \frac{1}{\tau_{F1}})^2+\omega^2)} \cdot \frac{(\frac{1}{\tau_{F2}} - \frac{1}{\tau_L})\cdot(1+e^{-\frac{T}{2}\cdot(1/\tau_L+1/\tau_{F1})})}{\tau_{F2}\cdot(\omega^2+(\frac{1}{\tau_{F2}} - \frac{1}{\tau_L})^2)\cdot\tau_{F1}\cdot(\omega^2+(\frac{1}{\tau_{F1}} - \frac{1}{\tau_L})^2)}
$$

$$
- \frac{\omega^2}{((\frac{1}{\tau_L} + \frac{1}{\tau_{F1}})^2+\omega^2)} \cdot \frac{(\frac{1}{\tau_{F1}} + \frac{1}{\tau_L})\cdot(1+e^{-\frac{T}{2}\cdot(1/\tau_L+1/\tau_{F1})})}{\tau_{F2}\cdot(\omega^2+(\frac{1}{\tau_{F2}} - \frac{1}{\tau_L})^2)\cdot\tau_{F1}\cdot(\omega^2+(\frac{1}{\tau_{F1}} - \frac{1}{\tau_L})^2)}
$$

$$
+ \frac{\omega^2}{(\frac{1}{\tau_{F1}} + \frac{1}{\tau_{F2}})} \cdot \frac{(1-e^{-\frac{T}{2}\cdot(1/\tau_{F2}+1/\tau_{F1})})}{\tau_{F2}\cdot(\omega^2+(\frac{1}{\tau_{F2}} - \frac{1}{\tau_L})^2)\cdot\tau_{F1}\cdot(\omega^2+(\frac{1}{\tau_{F1}} - \frac{1}{\tau_L})^2)} \Bigg] \tag{7.7.6}
$$

Der Nenner berechnet sich zu:

$$
\int(u_{Rf}(t))^2 dt = U_N\cdot U_{Rf}\cdot\Bigg[\frac{(\frac{1}{\tau_{F2}} - \frac{1}{\tau_L})^2\cdot\tau_L}{4\cdot\tau_{F2}^2\cdot(\omega^2+(\frac{1}{\tau_{F2}} - \frac{1}{\tau_L})^2)^2}\cdot(1-e^{-T/\tau_L})
$$

$$- \frac{1}{(\frac{4}{\tau_L^2} + 4\cdot\omega^2)} \cdot \frac{(\frac{1}{\tau_{F2}} - \frac{1}{\tau_L})^2}{\tau_L\cdot\tau_{F2}^2\cdot(\omega^2+(\frac{1}{\tau_{F2}} - \frac{1}{\tau_L})^2)^2} \cdot (1-e^{-T/\tau_L})$$

$$- \frac{2\cdot\omega^2}{(\frac{4}{\tau_L^2} + 4\cdot\omega^2)} \cdot \frac{(\frac{1}{\tau_{F2}} - \frac{1}{\tau_L})}{\tau_{F2}^2\cdot(\omega^2+(\frac{1}{\tau_{F2}} - \frac{1}{\tau_L})^2)^2} \cdot (1-e^{-T/\tau_L})$$

$$+ \frac{\omega^2\cdot\tau_L}{4\cdot\tau_{F2}^2\cdot(\omega^2+(\frac{1}{\tau_{F2}} - \frac{1}{\tau_L})^2)^2} \cdot (1-e^{-T/\tau_L})$$

$$- \frac{\omega^2}{(\frac{4}{\tau_L^2} + 4\cdot\omega^2)} \cdot \frac{1}{\tau_D\cdot\tau_{F2}^2\cdot(\omega^2+(\frac{1}{\tau_{F2}} - \frac{1}{\tau_L})^2)^2} \cdot (1-e^{-T/\tau_L})$$

$$+ \frac{2\cdot\ \omega^2}{((\frac{1}{\tau_L} + \frac{1}{\tau_{F2}})^2+\omega^2)} \cdot \frac{(\frac{1}{\tau_{F2}} - \frac{1}{\tau_L})\cdot(1+e^{-\frac{T}{2}\cdot(1/\tau_L+1/\tau_{F2})})}{\tau_{F2}^2\cdot(\omega^2+(\frac{1}{\tau_{F2}} - \frac{1}{\tau_L})^2)^2}$$

$$- \frac{2\cdot\ \omega^2}{((\frac{1}{\tau_L} + \frac{1}{\tau_{F2}})^2+\omega^2)} \cdot \frac{(\frac{1}{\tau_{F2}} + \frac{1}{\tau_L})\cdot(1+e^{-\frac{T}{2}\cdot(1/\tau_L+1/\tau_{F2})})}{\tau_{F2}^2\cdot(\omega^2+(\frac{1}{\tau_{F2}} - \frac{1}{\tau_L})^2)^2}$$

$$\left. + \frac{\omega^2\cdot\tau_{F2}}{2\cdot\tau_{F2}^2\cdot(\omega^2+(\frac{1}{\tau_{F2}} - \frac{1}{\tau_L})^2)^2} \cdot (1-e^{-T/\tau_{F2}}) \right] \qquad (7.7.7)$$

Der aus der relativen Änderung von τ_{F2} zu τ_{F1} resultierende Fehler ist in Bild 7.7.1 dargestellt. Als Bezugsgröße diente die Zeitkonstante τ_{F1}=1ms, die sich bei der Verwendung von Leitungswasser bei ca. 20° in der Versuchsmeßstrecke einstellte.

7.7.2 Fehlereinfluß beim e-funktionsförmigen Feldverlauf

Wie in Kapitel 7.7.1 wird der Einfluß des Fluids auf den zeitlichen Verlauf des Nutzsignals

$$u_N(t) = U_N \cdot (1-e^{(-2\cdot t/\tau_L)}) \qquad (7.7.8)$$

zuerst mit Hilfe der Laplace-Transformation berechnet. Im Zeitbereich ergibt sich

$$u_N(t)=U_N\cdot\left(1+\frac{1}{\left(\frac{2\cdot\tau_{F1}}{\tau_L}-1\right)}\cdot e^{-2\cdot t/\tau_L}+\frac{1}{\left(\frac{\tau_L}{2\cdot\tau_{F1}}-1\right)}\cdot e^{-t/\tau_{F1}}\right) \qquad (7.7.9)$$

Der relative Fehler wird entsprechend Gleichung 7.7.1 berechnet und ist ebenfalls in Bild 7.7.1 dargestellt. Um die Vergleichbarkeit der Kurvenverläufe zu erreichen, wurden die gleichen Bezugsgrößen gewählt.

Der Zähler von Gl. 7.7.1 berechnet sich zu:

$$\int u_N(t)\cdot u_{Rf}(t)dt = U_N\cdot U_{Rf}\cdot\left[\frac{T}{2}+\tau_D\cdot\left(\frac{1}{\frac{\tau_{F1}}{\tau_L}-1}+\frac{1}{\frac{\tau_{F2}}{\tau_L}-1}\right)\cdot\left(1-e^{-\frac{T}{2\cdot\tau_L}}\right)\right.$$

$$+\frac{\tau_{F2}}{\frac{\tau_L}{\tau_{F2}}-1}\cdot\left(1-e^{-\frac{T}{2\cdot\tau_{F2}}}\right)+\frac{\tau_L}{2}\cdot\frac{1}{\frac{\tau_{F1}}{\tau_L}-1}\cdot\frac{1}{\frac{\tau_{F2}}{\tau_L}-1}\cdot\left(1-e^{-\frac{T}{\tau_L}}\right)$$

$$+\frac{1}{\frac{1}{\tau_L}+\frac{1}{\tau_{F2}}}\cdot\frac{1}{\frac{\tau_{F1}}{\tau_L}-1}\cdot\frac{1}{\frac{\tau_L}{\tau_{F2}}-1}\cdot\left(1-e^{-\frac{T}{2}\cdot\left(\frac{1}{\tau_L}+\frac{1}{\tau_{F2}}\right)}\right)$$

$$+\frac{\tau_{F1}}{\frac{\tau_L}{\tau_{F1}}-1}\cdot\left(1-e^{-\frac{T}{2\cdot\tau_{F1}}}\right)$$

$$+\frac{1}{\frac{1}{\tau_L}+\frac{1}{\tau_{F1}}}\cdot\frac{1}{\frac{\tau_{F2}}{\tau_L}-1}\cdot\frac{1}{\frac{\tau_L}{\tau_{F1}}-1}\cdot\left(1-e^{-\frac{T}{2}\cdot\left(\frac{1}{\tau_L}+\frac{1}{\tau_{F1}}\right)}\right)$$

$$\left.+\frac{1}{\frac{1}{\tau_{F1}}+\frac{1}{\tau_{F2}}}\cdot\frac{1}{\frac{\tau_L}{\tau_{F1}}-1}\cdot\frac{1}{\frac{\tau_L}{\tau_{F2}}-1}\cdot\left(1-e^{-\frac{T}{2}\cdot\left(\frac{1}{\tau_{F1}}+\frac{1}{\tau_{F2}}\right)}\right)\right] \qquad (7.7.10)$$

Der Nenner von Gl. 7.7.1 berechnet sich zu:

$$\int u_{Rf}^2(t)dt = U_{Rf}^2\cdot\left[\frac{T}{2}+\tau_D\cdot\frac{2}{\frac{\tau_{F2}}{\tau_L}-1}\cdot\left(1-e^{-\frac{T}{2\cdot\tau_L}}\right)\right.$$

$$+ \frac{2\cdot\tau_{F2}}{\frac{\tau_L}{\tau_{F2}} - 1}\cdot\left(1-e^{-\frac{T}{2\cdot\tau_{F2}}}\right) + \frac{\tau_L}{2}\cdot\frac{1}{\left(\frac{\tau_{F2}}{\tau_L} - 1\right)^2}\cdot\left(1-e^{-\frac{T}{\tau_L}}\right)$$

$$+ \frac{2}{\frac{1}{\tau_L} + \frac{1}{\tau_{F2}}}\cdot\frac{1}{\frac{\tau_{F2}}{\tau_L} - 1}\cdot\frac{1}{\frac{\tau_L}{\tau_{F2}} - 1}\cdot\left(1-e^{-\frac{T}{2}\cdot\left(\frac{1}{\tau_L} + \frac{1}{\tau_{F2}}\right)}\right)$$

$$+ \frac{\tau_{F2}}{2}\cdot\frac{1}{\left(\frac{\tau_L}{\tau_{F2}} - 1\right)^2}\cdot\left(1-e^{-\frac{T}{\tau_{F2}}}\right)\Bigg] \qquad (7.7.11)$$

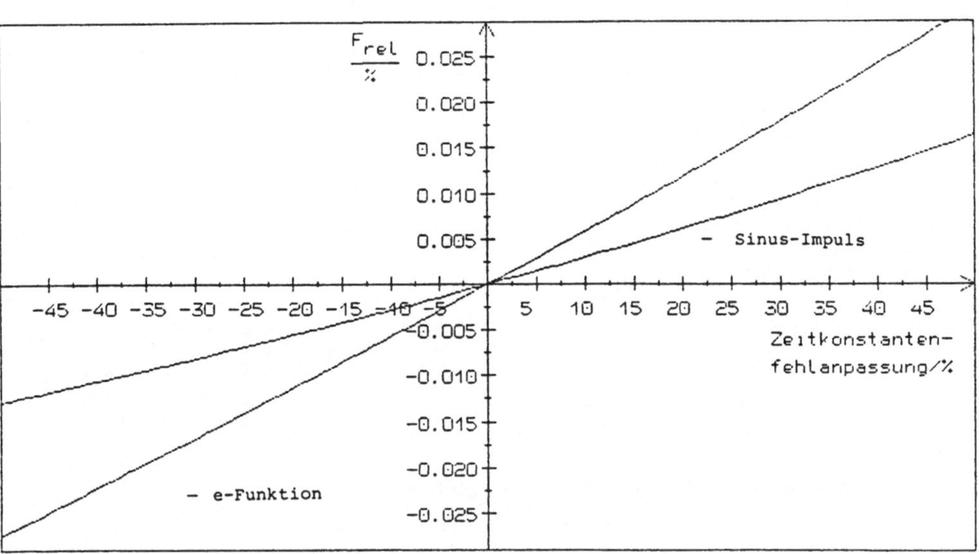

Bild 7.7.1: Fehler durch Fehlanpassung des Modells

7.8 Der zu erwartende maximale Fehler im Meßergebnis

In den vorangegangenen Abschnitten dieses Kapitels wurden die zu erwartenden relativen Fehler abgeschätzt. Sie sollen nun zum maximalen Fehler F_{MG} zusammengefaßt werden.

Der Fehler F_T bei der Kompensation der transformatorischen Störspannung geht zu einem Zehntel in das Meßergebnis für die Strömungsgeschwindigkeit $\bar{v}$ ein. Ausgehend von einer Berechnung des θ_1 bei Leitungswasser als Meßmedium auf dem Kalibrierstand kann der Fehlereinfluß bei zusätzlicher Berücksichtigung von Abtastjittern auf Werte $F_T \leq \pm 0{,}1\%$ festgelegt werden.

Der Fehler F_C durch die kapazitive Störspannung wird im wesentlichen durch die Zeitkonstantendifferenz zwischen kapazitiver Störspannung und Meßsignal verursacht. Für den Fall, daß beide Zeitkonstanten gleich sind, entsteht nur ein Offset im Meßergebnis, der durch Kalibration beseitigt werden kann. Der maximale Fehler soll hier zu $F_C \leq \pm 0{,}1\%$ abgeschätzt werden.

Durch die Bandbegrenzung können die Rauschanteile im Elektrodensignal auf Werte unter 5% reduziert werden. Nach Abschnitt 7.3 ist deshalb mit einem maximalen Fehler durch Rauschen $F_R \leq \pm 0{,}5\%$ zu rechnen.

Mit der diesem Meßwertverarbeitungsverfahren zu Grunde liegenden Überabtastung bis in den Bereich des 40-fachen der nach dem Abtasttheorem erforderlichen Abtastfrequenz kann der Fehler mit $F_{Ar} \leq \pm 0{,}1\%$ abgeschätzt werden.

Der Fehler bei der digitalen Modellbildung ließ sich durch den Korrekturfaktor l auf vernachlässigbare Werte reduzieren.

Der Fehlereinfluß durch Einkopplungen des öffentlichen Stromversorgungsnetzes ist bei Verwendung des in Abschnitt 7.6 untersuchten Kompensationsverfahrens vernachlässigbar.

Als letzter Fehler soll die schlechte Anpassung der Modellparameter berücksichtigt werden. Auch dieser Fehler ist entsprechend Kapitel 7.7 vernachlässigbar.

Der relative maximale Fehler F_{MG} ergibt sich aus der Summe der Beträge der Einzelfehler. Man erhält als maximalen relativen Gesamtfehler

$$F_{MG} = \pm 0{,}8\%.$$

Unberücksichtigt blieben in dieser Fehlerbetrachtung die Einflüsse der Analogelektronik. Sie sind stark abhängig von den verwendeten Operationsverstärkern, so daß keine generelle Fehlerbetrachtung möglich ist. Werden die Signalverläufe $u_E(t)$, $u_T(t)$ und $u_{RM}(t)$ nacheinander mit Hilfe aufeinanderfolgender Stromimpulse erzeugt, geht deren Amplitudenunterschied direkt in das Meßergebnis ein. Auf diese Weise können leicht relative Fehler entstehen, die bis zu ±5% und mehr betragen.

8 Praktische Erprobung des LSQ-Verfahrens mit einem flexiblen Mikrocomputersystem

8.1 Strukturdiagramm der Störsignalunterdrückung und der Meßwertverarbeitung

Auf der Basis der Ergebnisse der vorangehenden Kapitel wurde eine angepaßte Meßwertverarbeitung entwickelt, die eine kurze Stromeinschaltzeit ermöglicht. In Bild 8.1.1 ist das prinzipielle Ablaufdiagramm dieser Meßwertverarbeitung dargestellt. In diesem Ablaufdiagramm sind die in der praktischen Meßtechnik erforderlichen Maßnahmen der Signalaufbereitung, wie beispielsweise die Befreiung von Drift- und Offsetanteilen, nicht berücksichtigt. Das in Abschnitt 5.2 vorgestellte Meßwertverarbeitungsverfahren dient sowohl zur Berechnung der gerätespezifischen Konstante θ_1 als auch zur Berechnung des Meßwertes für die mittlere Strömungsgeschwindigkeit θ_2.

Zur Beseitigung der Einflüsse der transformatorischen Störspannung benötigt die Meßwertverarbeitungseinheit den Faktor θ_1 (vgl. Abschnitt 6.2). Mit Hilfe des Faktors θ_1 kann der zeitliche Amplitudenverlauf der transformatorischen Störspannung $u_T(t)$ aus der Referenzspannung $u_{TR}(t)$ berechnet und anschließend vom Elektrodensignal $u_E(t)$ abgezogen werden (Gl. 7.1.1). Die Berechnung von θ_1 ist jedoch nur möglich, wenn im Elektrodensignal $u_E(t)$ der strömungsgeschwindigkeitsproportionale Anteil null ist. Dieser Zustand tritt nur auf dem Prüfstand oder direkt nach dem Einbau zu einem bekannten Zeitpunkt auf. Eine Bestimmung von θ_1 nach dem Einbau des Meßaufnehmers vor Ort ermöglicht die Berücksichtigung der Einflüsse von Flanschmaterialien auf die transformatorische Störspannung. Die Meßwertverarbeitungseinheit muß die Signale $u_E(t)$ und $u_{TR}(t)$ einlesen, vom Offset befreien und daraus mit Hilfe des LSQ-Algorithmus den Faktor θ_1 berechnen. Zur Offsetbefreiung dient ein Zeitraum vor jedem Spulenstromimpuls ohne Stromsignal. Der Fehler bei der Berechnung von θ_1, der durch stochastische Störeinflüsse verursacht wird, kann durch mehrfache Erfassung von $u_E(t)$, $u_{TR}(t)$ und anschließende Berechnung von θ_1 mit gleitender Mittelwertbildung reduziert werden. Das Meßgerät speichert den Wert θ_1 nichtflüchtig, so daß er der Meßwertverarbeitungseinheit danach ständig zur Verfügung steht.

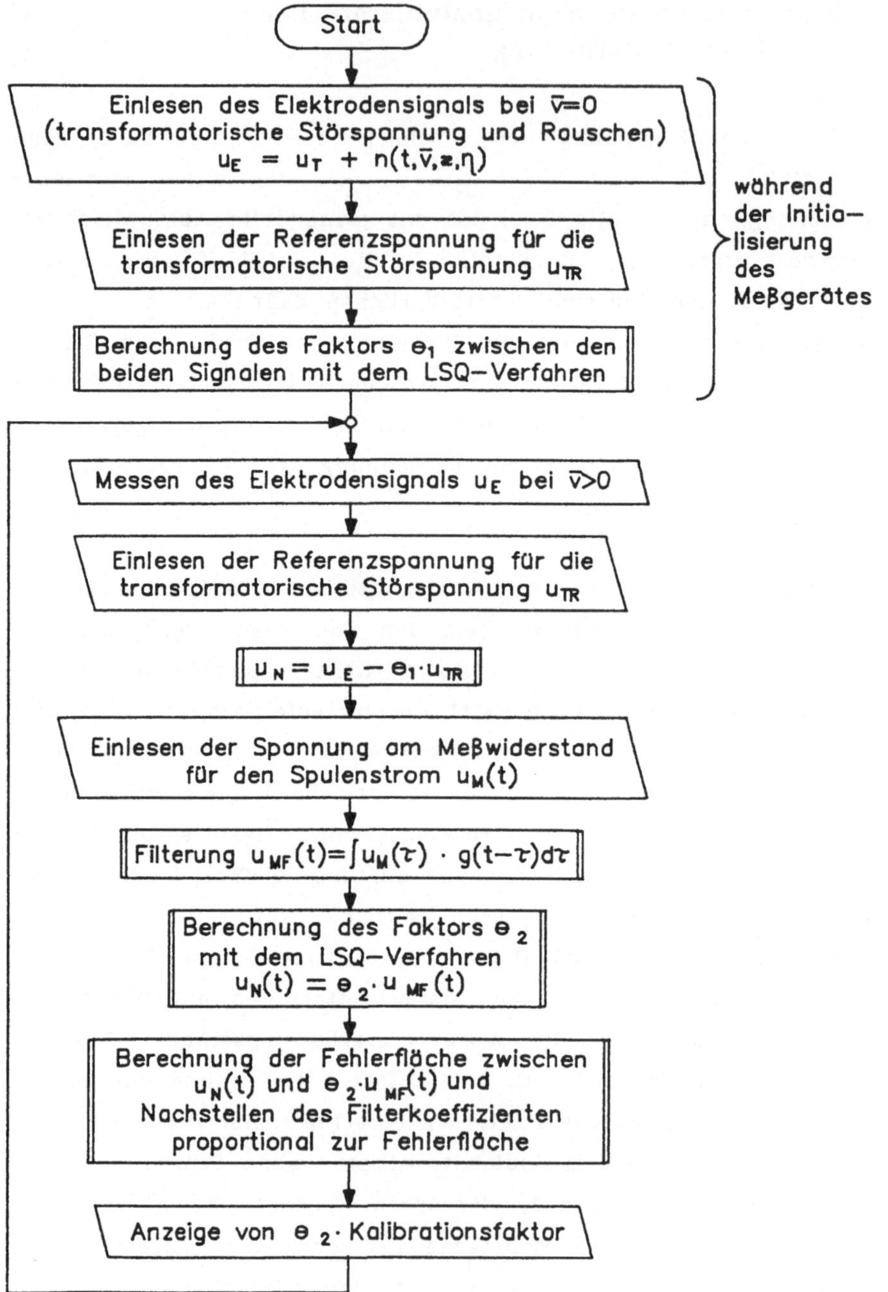

Bild 8.1.1: Prinzipielles Ablaufdiagramm der Meßsignalverarbeitung

Entsprechend Abschnitt 3 ist die transformatorische Störspannung $u_T(t)$ und damit auch der Faktor θ_1 bei niedrigen Frequenzen unabhängig von Temperatur- und Leitfähigkeitseinflüssen. Bei höheren Signalfrequenzen kann es erforderlich sein, den Verlauf von $u_{TR}(t)$ an den Verlauf von $u_T(t)$ durch Tiefpaßfilterung anzupassen.

Zur Bestimmung der Strömungsgeschwindigkeit wird nun das Signal $u_E(t)$ für $\bar{v}$ größer oder gleich Null erfaßt und vom Offset befreit. Entsprechend Gl. 6.2.1 gilt

$$u_E(t) = u_T(t) + n(t,\eta,v,\theta)$$

bei Vernachlässigung der anderen Störspannungen gemäß Abschnitt 7. Mit Hilfe der Gleichung

$$u_T(t) = u_{TR}(t) \cdot \theta_1$$

kann die Meßwertverarbeitungseinheit $u_T(t)$ berechnen und von $u_E(t)$ abziehen. Damit steht nun das stochastisch gestörte Nutzsignal $u_N(t)$ zur Verfügung. Zur Berechnung der Strömungsgeschwindigkeit muß noch der zeitliche Verlauf des Spulenstromes $i_S(t)$ an dem Meßwiderstand R_M als Spannung $u_M(t)$ erfaßt werden. Steht der Meßwerterfassungseinheit ein schneller A/D-Wandler zur Verfügung, können bei jedem Abtastzyklus die momentanen Werte der Elektrodenspannung und des Spulenstromes mit Hilfe eines Multiplexers kurz nacheinander, also quasi gleichzeitig, erfaßt werden. Es entsteht kein Fehler durch Änderungen des Stromverlaufs. Der Verlauf der Spannung $u_M(t)$ wird mit Hilfe eines Tiefpaßfilters an den Verlauf des Nutzsignals angeglichen. Als Ergebnis steht das Signal $u_{MF}(t)$ zur Verfügung. Zur Berechnung des der Strömungsgeschwindigkeit proportionalen θ_2 findet der LSQ-Algorithmus entsprechend Abschnitt 5 erneut Anwendung. Im Anschluß daran prüft die Meßwertverarbeitungseinheit zunächst, ob Unterschiede im zeitlichen Verlauf der beiden Signale $u_N(t)$ und $\theta_2 \cdot u_{MF}(t)$ bestehen und stellt die Filterzeitkonstante τ für das Signal $u_M(t)$ nach. Als Bewertungskriterium können beispielsweise die Differenzfläche der beiden Signale oder Teile der Fläche dienen. Danach wird der Wert von θ_2 kalibriert zur Anzeige gebracht.

Die Meßwertverarbeitungseinheit beginnt nun einen neuen Meßzyklus, um ein neues θ_2 zu berechnen. Der zeitliche Abstand zwischen zwei Meßwerten wird durch die Software vorgegeben. Damit steht ein Meßwertverarbeitungsalgorithmus zur Verfügung, der die Realisierung kurzer Stromimpulse in der Spule des Meßaufnehmers zuläßt. Durch diese neue Art der Meßwertverarbeitung bei der magnetisch-induktiven Durchflußmessung ist es möglich, die Impulsfrequenz erheblich zu senken und somit die benötigte Energie deutlich zu reduzieren. Die Grenzen bei der Verkürzung der Signalimpulse hängen von der Geschwindigkeit ab, mit der die analogen Meßsignale abgetastet und verarbeitet werden können. Der Kompensationsaufwand für die Kapazität der Flüssigkeit steigt mit der Verkürzung des Stromimpulses.

8.2 Versuchsaufbau

Zu Versuchszwecken wurde eine Durchflußmeßstrecke aus Kupferrohren mit dem Querschnitt 25mm aufgebaut. Sie enthielt einen beheizbaren Vorratsbehälter, eine drehzahlgesteuerte Kreiselpumpe aus Edelstahl zur Einstellung der Strömungsgeschwindigkeit, ein Massenstrommeßgerät nach dem Corioliskraft-Prinzip und einen Wägebehälter, der mit einer Präzisionskraftmeßzelle ausgerüstet ist. Der Massenstrom wurde mit Hilfe einer Dichtetabelle in den Volumenstrom bzw. die Strömungsgeschwindigkeit umgerechnet. Zur Bestimmung der Temperatur des Meßmediums diente ein integrierter Temperatursensor auf Halbleiterbasis. Die Ein- und Auslaufstrecken an den Meßstellen betrugen mehr als das fünfzigfache des Durchmessers, so daß keine aufbaubedingten Störungen auftraten. Durch gezielte Abschirmungs- und Erdungsmaßnahmen konnten die Netzeinstreuungen auf wenige Microvolt gesenkt werden. Für einfache Vergleichsmessungen stand ein für den eichpflichtigen Verkehr zugelassener Warmwasserzähler zur Verfügung. Aus Sicherheitsgründen hatte das Rohrsystem eine Druckausgleichsöffnung. Die Versuche blieben aufbaubedingt auf Temperaturen unter 97°C beschränkt. Das kleine Volumen der Meßstrecke erlaubt einen relativ leichten Austausch des Fluides. So konnten Versuche mit entionisiertem Wasser durchgeführt werden (vgl. Abschnitt 3).

Als Meßaufnehmer diente ein Standardgerät des Typs X1000 der Fa. Altometer [47], das mit einer zusätzlichen Wicklung von 10 Windungen auf dem unteren Teil der Helmholtzanordnung der Erregerspulen ausgerüstet wurde. Der Meßaufnehmer in Sandwichbauweise hat die Nennweite 25mm und eine Al_2O_3-Auskleidung. Der Spuleninnenwiderstand betrug ca. 70Ω und die Induktivität ca. 0.5H. An die Elektrodenzuleitung im Anschlußkasten des Meßaufnehmers wurde ein symmetrischer Elektrometerverstärker mit der Verstärkung 100 als abgeschirmter Vorverstärker mit eigener Spannungsversorgung angeschlossen. Dieser Verstärker begrenzte bedingt durch seine rauscharmen Operationsverstärker das übertragene Frequenzband auf ca. 5KHz und verbesserte das Verhältnis von Stör- zu Nutzsignal bei der Übertragung vom Meßaufnehmer zur Meßwertverarbeitung. Besondere Sorgfalt erforderten die Abschirm- und Erdungsmaßnahmen zur Vermeidung von Brummschleifen über das öffentliche Stromversorgungsnetz. Als Verbindungskabel zur Meßwerterfassungs- und verarbeitungseinheit diente ein 50Ω Koaxialkabel mit BNC-Anschlüssen, wie es in Laboratorien üblicherweise eingesetzt wird.

Der gleiche Meßaufnehmer wurde auch schon für die Untersuchungen in Abschnitt 3 eingesetzt.

Zur praktischen Erprobung des LSQ-Verfahrens mit den beiden Signalverläufen e-Funktion- und Sinusimpuls wurde ein Stromsignalgenerator entwickelt, der vorwählbare Stromverläufe mit einer Amplitude bis zu 0.25A in induktiven Verbrauchern erzeugen kann. Die hohe maximale Stromamplitude ermöglicht bei Versuchen ein hohes Nutz- zu Störleistungsverhältnis und vereinfacht die Beurteilung der Signalverläufe im Elektrodenkreis. Speziell für das Anforderungsprofil der Untersuchungen wurde ein Stromgenerator für induktive Lasten entwickelt. Vorwählbar sind an diesem Gerät folgende Signalverläufe:

- Sinusfunktion
- Dreieckfunktion
- Treppenfunktion
- Rechteckfunktion

Die genannten Signalverläufe können auch als Halbwellenverläufe ausgegeben werden. Zusätzlich kann durch Veränderung der Ein- und Ausschaltzeiten bzw. der Flankensteilheit der Oberwellengehalt der Signale variiert werden. Realisiert wurde zusätzlich die Ausgabe von Einzelimpulsen der genannten Signalverläufe. Ein spezielles Interface zum steuernden Mikrocomputer ermöglicht die Auslösung von Stromimpulsen vom Meßwertverarbeitungsprogramm. Dieses Interface ermöglicht auch die Synchronisierung von Meßwerterzeugung und -verarbeitung. Der Generator kann problemlos zusammen mit anderen Meßgeräten eingesetzt werden, ohne daß Erdschleifen entstehen. Alle Aus- und Eingänge sind potentialfrei verschaltet.

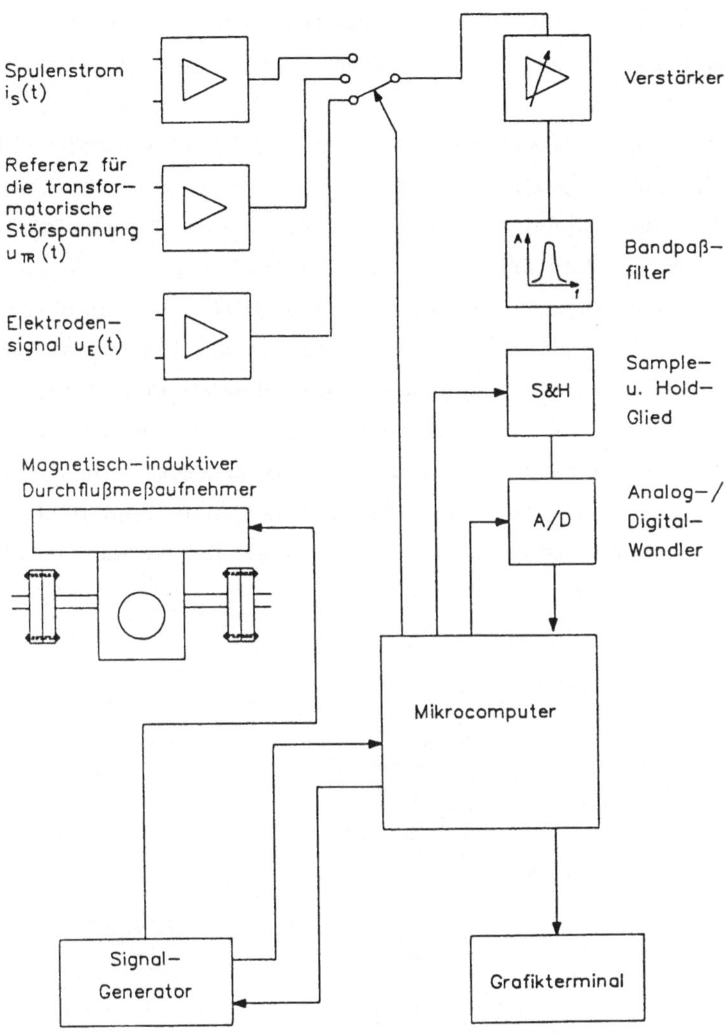

Bild 8.2.1: Blockschaltbild des Versuchsaufbaus

Zur digitalen Verarbeitung analoger Signale wurde ein Mikrocomputersystem auf der Basis des Mikroprozessors Z80 in der Fachgruppe Meßtechnik entwickelt. Das Computersystem verfügt über einen ECB-Bus. Kompatibel zu diesem Bussystem wurden zusätzlich eine Analog-Digital--Wandlerplatine mit parallelem Ein- Ausgabeport zur Steuerung des Interfaces für den Signalgenerator als auch eine Zusatzplatine mit digital einstellbaren Verstärkern mit der maximal möglichen Verstärkung von 2400, Multiplexern und einem Antialiasingfilter zur Bandbegrenzung der Meßsignale entwickelt. Die Signalzweige für die Elektrodenspannung $u_E(t)$ und die Referenzspannung $u_{RM}(t)$ unterscheiden sich dabei um den Verstärkungsfaktor 1000. Der Mikrocomputer ist mit einem Grafikterminal und dem Betriebssystem CP/M 3.0 ausgerüstet. Alle in diesem Abschnitt grafisch dargestellten Meßergebnisse sind Kopien des Bildschirminhaltes auf den Drucker. Bild 8.2.1 zeigt den Versuchsaufbau im Blockschaltbild.

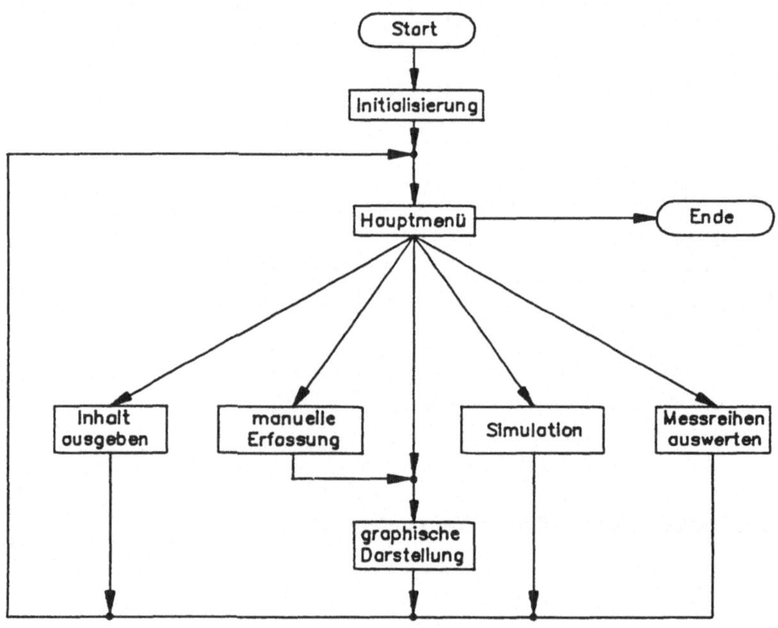

Bild 8.2.2: Strukturdiagramm des Programmpaketes

Zur Meßwerterfassung und -verarbeitung wurde ein Programmpaket erstellt, das auch die Möglichkeit der Simulation von Meßergebnissen bietet. Bei der Untersuchung von Fehlereinflüssen (vgl. Abschnitt 7) ist es erforderlich, Parameter zu variieren, die in gemessenen Signalverläufen durch den Meßaufnehmer vorgegeben sind, sich aber infolge von Temperatur- oder Konzentrationsschwankungen ändern können. Diese Einflüsse können im Labor durch die Vielzahl der möglichen Meßmedien nur sehr schwer oder gar nicht nachvollzogen werden, verursachen aber im praktischen Betrieb zusätzliche Meßfehler. Als Beispiel sei an dieser Stelle der Einfluß von Rauschen des Fluids angeführt (vgl. Abschnitt 7). Der Einfluß des Rauschens des Meßmediums (vgl. Abschnitt 7.3) kann nur durch Simulation untersucht werden. Versuche mit Rauschprozessen des Meßaufnehmers führten zu guten Simulationsergebnissen.

In Bild 8.2.2 ist der Aufbau des Programmpaketes zur Meßwerterfassung, -verarbeitung und -darstellung als Strukturdiagramm dargestellt.

8.3 Signalverläufe

8.3.1 Bei sinusförmigem zeitlichen Feldverlauf

Mit dem in Abschnitt 8.2 beschriebenen Versuchsaufbau wurden Signalverläufe erfaßt und ausgewertet. Die Prozeßparameter Temperatur und Leitfähigkeit sind bei diesen Versuchen variiert worden. Die Abtastrate war im Hinblick auf eine Realisierung mit einem CMOS-A/D-Wandler auf die maximal mögliche Frequenz von 10kHz festgelegt. In den grafischen Darstellungen sind auf der Abszisse die Nummerierung der Abtastschritte und auf der Ordinate die Eingangsspannung am A/D-Wandler aufgetragen. In diese Spannungswerte geht die unterschiedliche Verstärkung der einzelnen Signalzweige und die Einstellung am digital einstellbaren Verstärker ein. Entscheidend für die Diskussion der Ergebnisse ist jedoch nicht der genaue Absolutwert der Verstärkung, sondern nur der Verstärkungsfaktor des digital einstellbaren Verstärkers. Diese Betrachtungsweise ist möglich, da die verschiedenen Signalverläufe zueinander ins Verhältnis gesetzt werden. Die im folgenden angegebenen Verstärkungsfaktoren beziehen sich jeweils auf den einstellbaren Verstärker.

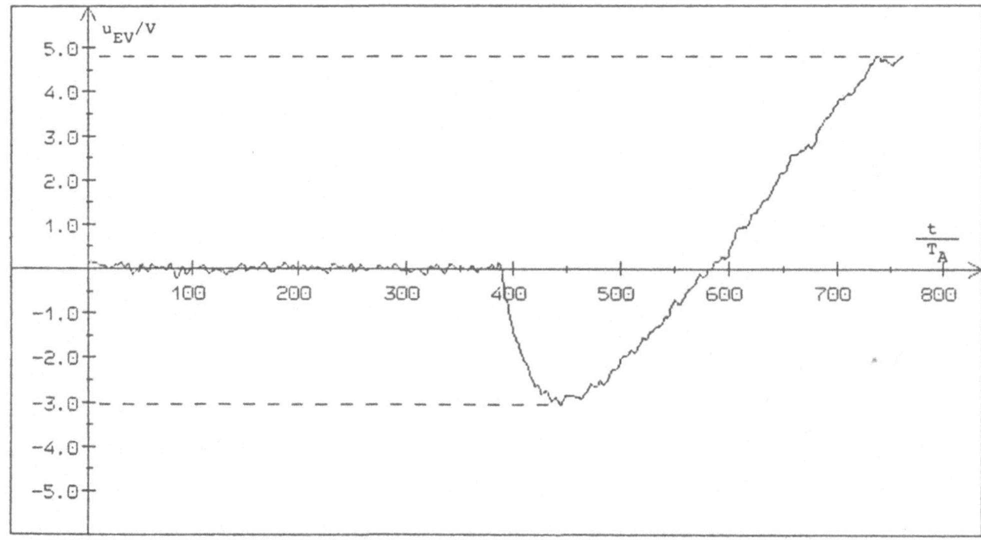

Bild 8.3.1: Verstärktes Elektrodensignal $u_{EV}(t)$ bei $\bar{v}$=29cm/s

Die Bilder 8.3.1 und 8.3.2 zeigen qualitativ den Einfluß der mittleren Strömungsgeschwindigkeit $\bar{v}$ auf das verstärkte Elektrodensignal $u_{EV}(t)$ bei sinusimpulsförmigem Spulenstrom $i_S(t)$. Die Temperatur des Meßmediums betrug 18°C und die Leitfähigkeit 149µS/cm.

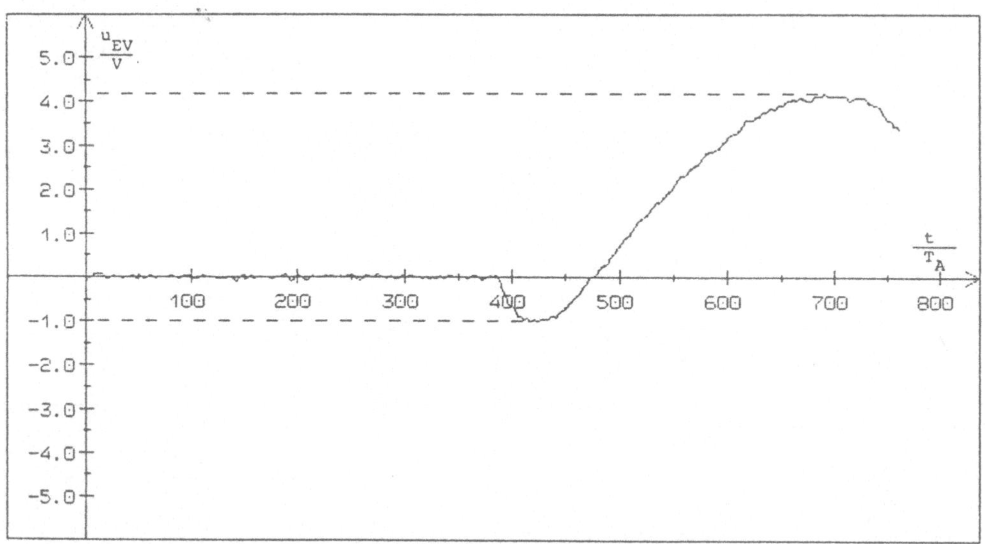

Bild 8.3.2: Verstärktes Elektrodensignal $u_{EV}(t)$ bei $\bar{v}$=2,9m/s

Die Verstärkung des digital einstellbaren Verstärkers war in Bild 8.3.2 halb so groß wie in Bild 8.3.1. Es ist deutlich erkennbar, daß das Elektrodensignal sich in Abhängigkeit von der mittleren Strömungsgeschwindigkeit $\bar{v}$ vom typisch cosinusförmigen zu einem sinusförmigen Signalverlauf ändert. Die Ursache ist in der konstanten Amplitude der transformatorischen Störspannung zu finden. Mit steigender Strömungsgeschwindigkeit vergrößert sich der sinusförmige strömungsgeschwindigkeitsabhängige Signalanteil (vgl. Bild 5.2.2).

Aus der Literatur und aus den Ergebnissen der Untersuchungen in Abschnitt 3 ist bekannt, daß die Leitfähigkeit des Meßmediums einen entscheidenden Einfluß auf die Rauschamplitude hat.

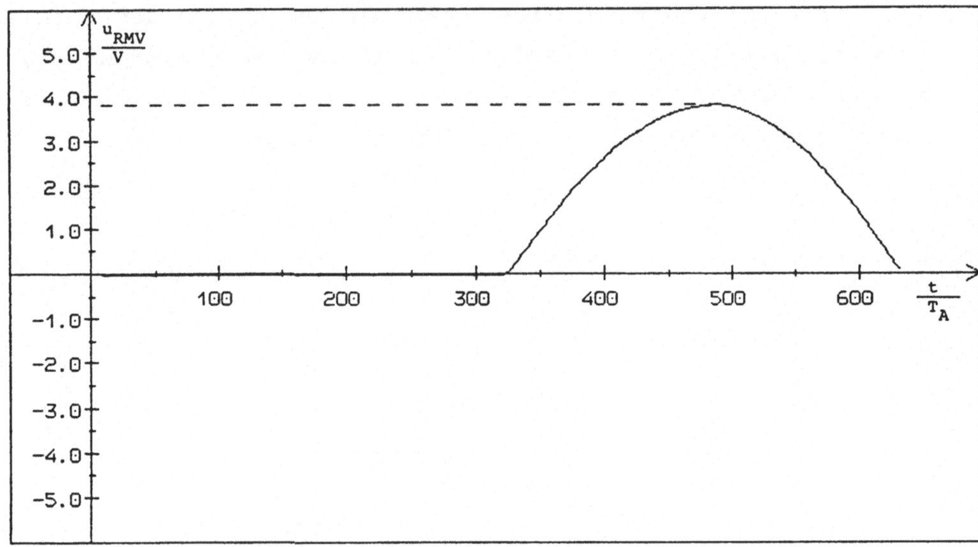

Bild 8.3.3: Spulenstrom $i_S(t)$ als Spannungsabfall $u_{RMV}(t)$ am Meßwiderstand R_M

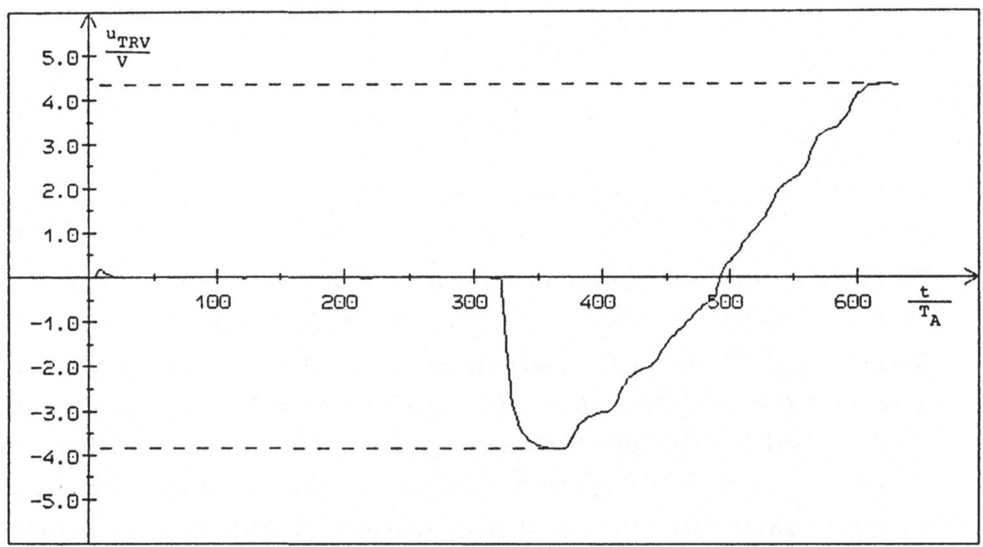

Bild 8.3.4: Referenz für die transformatorische Störspannung $u_{TRV}(t)$

Bevor auf die Elektrodensignalverläufe bei verschiedenen Leitfähigkeiten eingegangen wird, werden die Signalverläufe $u_{RM}(t)$ und $u_{TR}(t)$

diskutiert. Die Spulenstromamplitude betrug bei allen im folgenden dargestellten Signalverläufen 160mA.

Die ersten 300 Meßwerte dienen dem Offsetabgleich in der Meßwertverarbeitung. Fehler durch Langzeitdriften der Operationsverstärker können so korrigiert werden. Der Spulenstrom hat den Verlauf einer verzerrten Sinushalbwelle und ist um den Faktor 2 verstärkt worden. Diese Signalform wurde ausgewählt, um im Hinblick auf eine Realisierung mit einem passiven Schwingkreis möglichst praxisnahe Ergebnisse zu erhalten.

Bild 8.3.4 zeigt den Referenzspannungsverlauf $u_{TR}(t)$, der wie in Abschnitt 3 und 5 beschrieben, entsprechend dem Induktionsgesetz entsteht. Er wurde um den Faktor 3 verstärkt. Die zusätzlich überlagerten Störspannungen entstehen durch den Einfluß der Magnetwerkstoffe.

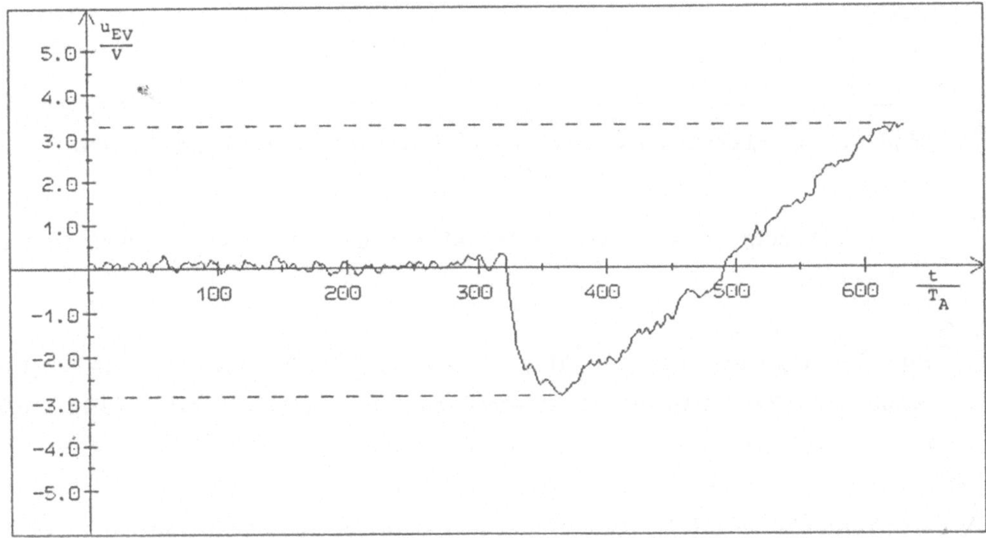

Bild 8.3.5: Elektrodensignal $u_{EV}(t)$ bei einer Leitfähigkeit von 64µS/cm, einer Temperatur ϑ=18°C und $\bar{v}$=0m/s

Der Ort für die Referenzwicklung im Meßaufnehmergehäuse muß so gewählt werden, wie es in Abschnitt 6.2 beschrieben ist, damit sich die transformatorische Störspannung $u_T(t)$ und die Referenzspannung $u_{TR}(t)$ möglichst wenig in ihrem zeitlichen Verlauf unterscheiden. Bild 8.3.5

zeigt das verstärkte Elektrodensignal $u_{EV}(t)$ bei einer Leitfähigkeit des Meßmediums von 64µS/cm und einer Einstellung des Verstärkers auf den Faktor 10 bei der Strömungsgeschwindigkeit $\bar{v}$=0m/s.

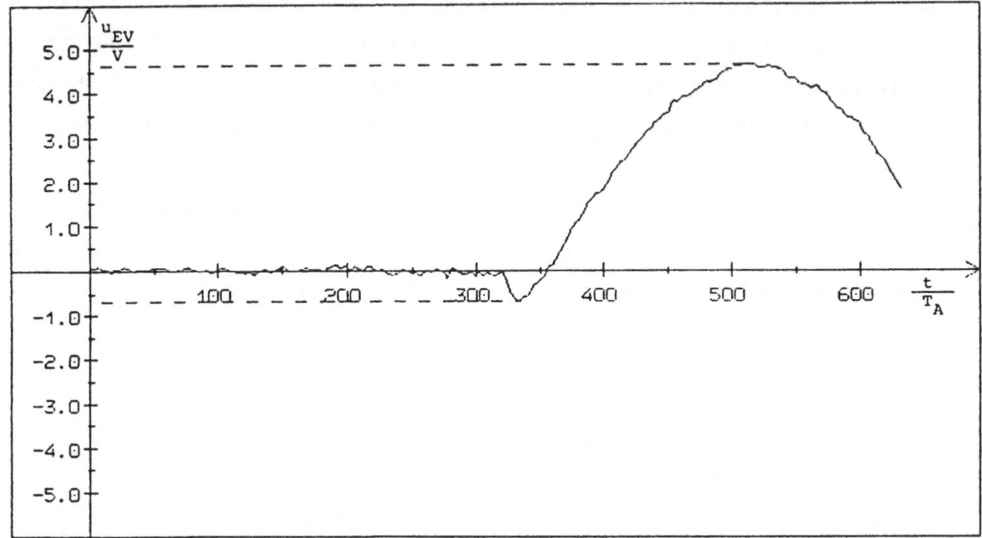

Bild 8.3.6: Elektrodensignal $u_{EV}(t)$ bei einer Leitfähigkeit von 64µS/cm, einer Temperatur θ=18°C und $\bar{v}$=1,18m/s

Bild 8.3.6 zeigt das Elektrodensignal bei der Strömungsgeschwindigkeit $\bar{v}$=1,18m/s.

Eine Verringerung der Leitfähigkeit auf 9µS/cm bei gleicher Temperatur erhöht den Rauschanteil im Elektrodensignal $u_{EV}(t)$ erheblich (Bild 8.3.7 und 8.3.8).

Die Versuche ergaben, daß die Rauschamplituden mit abnehmender Leitfähigkeit monoton steigen. Als nächstes sollen für beide Leitfähigkeiten die Ergebnisse für θ_1 und θ_2 diskutiert werden. Bild 8.3.9 zeigt den Verlauf der transformatorischen Störspannung $u_T(t)$ (vgl. Bild 8.3.5) und den in der Amplitude angepaßten Verlauf von $u_{TR}(t)$ (vgl. Bild 8.3.4).

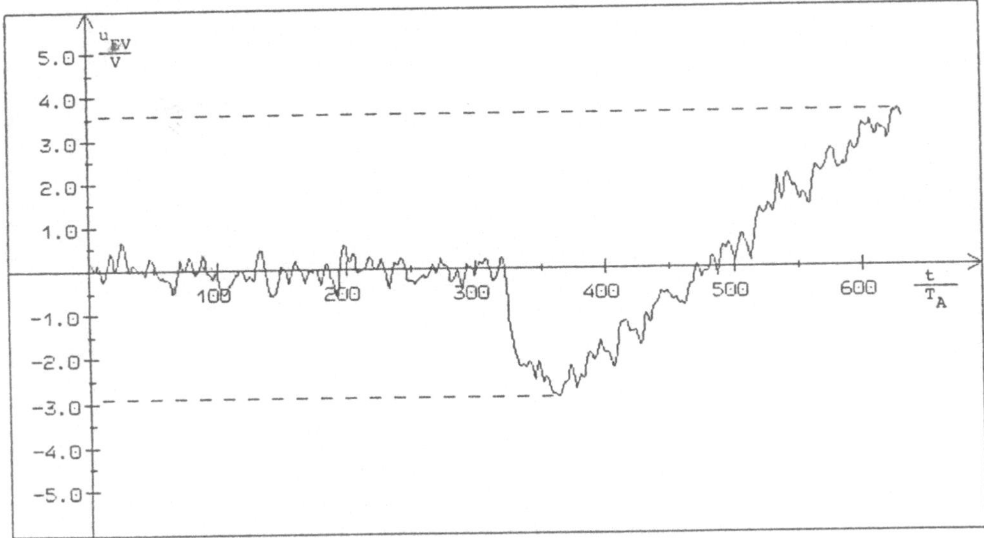

Bild 8.3.7: Elektrodensignal $u_{EV}(t)$ bei einer Leitfähigkeit von 9μS/cm, einer Temperatur ϑ=18°C und $\bar{v}$=0m/s

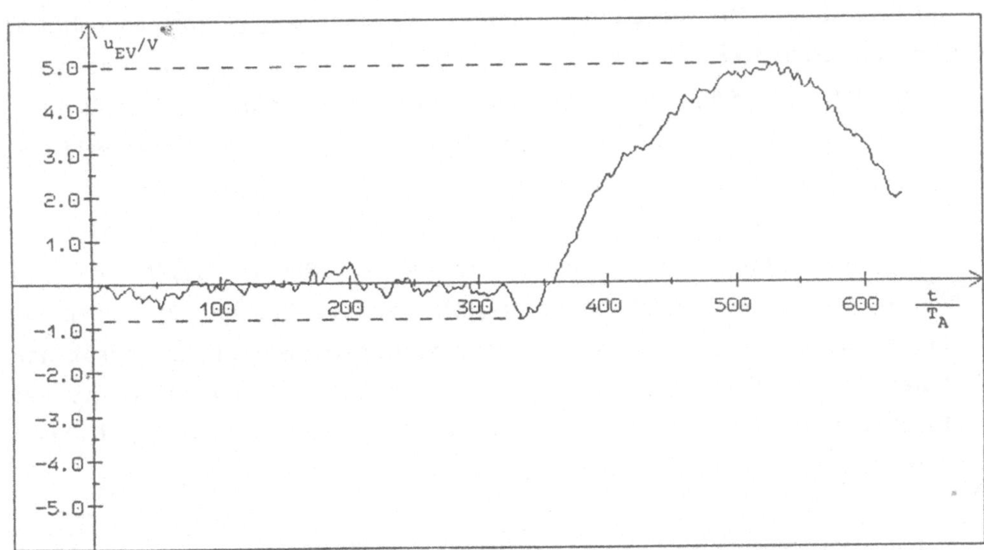

Bild 8.3.8: Elektrodensignal $u_{EV}(t)$ bei einer Leitfähigkeit von 9μS/cm, einer Temperatur ϑ=18°C und $\bar{v}$=1,18m/s

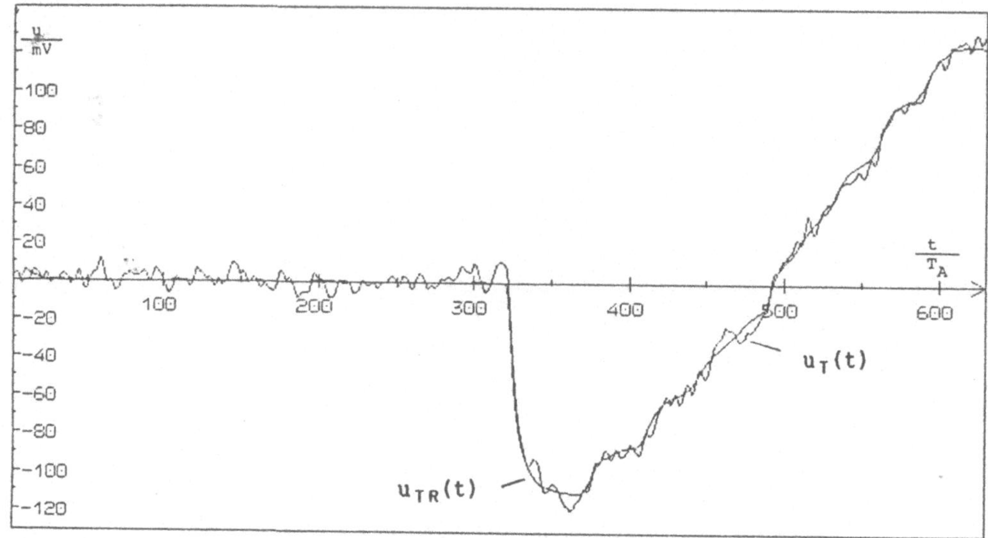

Bild 8.3.9: Mit θ_1 an $u_T(t)$ angepaßtes $u_{TR}(t)$ bei 64µS/cm, einer Temperatur ϑ=18°C von $\bar{v}$=0m/s

An der Ordinate in Bild 8.3.9 sind die auf den Wert vor dem einstellbaren Verstärker berechneten Eingangsspannungen des A/D-Wandlers aufgezeichnet. Die Ergebnisse werden so unabhängig von der digital einstellbaren Verstärkung. θ_1 berechnete sich zu 0,2104. Der LSQ--Algorithmus ermöglicht es also unter Berücksichtigung der in Abschnitt 7 beschriebenen Fehler, das Verhältnis zwischen den Signalverläufen $u_T(t)$ und $u_{TR}(t)$ zu berechnen.

Bild 8.3.10 zeigt den zeitlichen Verlauf des Signals $u_{RM}(t)$ und der verstärkten Elektrodenspannung $u_{EV}(t)$, von der das mit θ_1 angepaßte Signal $u_{TR}(t)$ abgezogen wurde. Das Spulenstromsignal ist zusätzlich einer Tiefpaßfilterung unterworfen worden, so daß die Differenz der Flächen unter den fallenden Flanken beider Signalverläufe ein Minimum annimmt. θ_2 berechnet sich zu 0,578.

Bei der Leitfähigkeit 9 µS/cm verschlechtert sich das Signal zu Rauschverhältnis deutlich (Bild 8.3.11 und 8.3.12). θ_1 berechnet sich hier, obwohl die gleichen Randbedingungen vorlagen, zu 0,196.

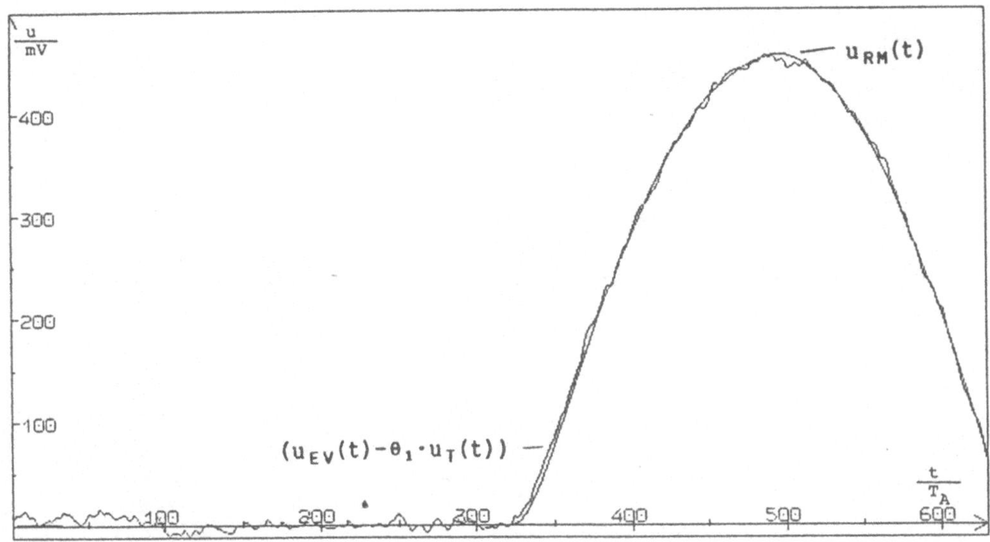

Bild 8.3.10: Mit θ_2 an $(u_{EV}(t)-\theta_1 \cdot u_T(t))$ angepaßtes $u_{RM}(t)$ bei einer Leitfähigkeit von 64µS/cm, einer Temperatur ϑ=18°C und $\bar{v}$>0m/s

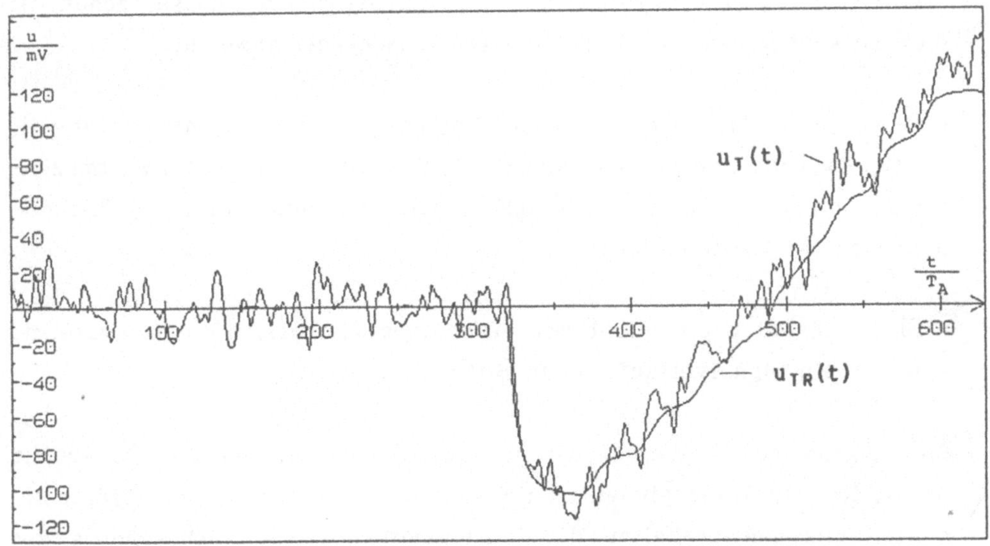

Bild 8.3.11: Mit θ_1 an $u_T(t)$ angepaßtes $u_{TR}(t)$ bei 9µS/cm, einer Temperatur ϑ=18°C von $\bar{v}$=0m/s

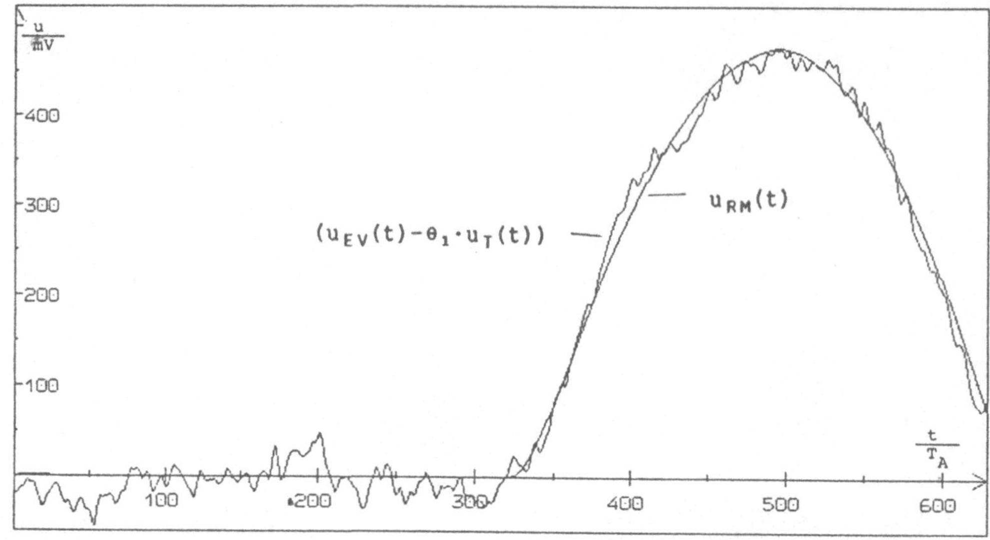

Bild 8.3.12: Mit θ_2 an $(u_{EV}(t)-\theta_1 \cdot u_T(t))$ angepaßtes $u_{RM}(t)$ bei einer Leitfähigkeit von 9µS/cm, einer Temperatur ϑ=18°C und $\bar{v}$>0m/s

In diesem Fall ist es empfehlenswert, den Faktor θ_1 auf einem Kalibrierungsstand zu bestimmen, da θ_1 bei höherem Rauschpegel schon um 6,6% gegenüber dem θ_1 bei geringerem Rauschpegel abweicht.

Eine vergleichende Betrachtung der Ergebnisse für θ_2 ist nicht sinnvoll, da die Pumpendrehzahl driftbehaftet war und kein Momentanwertmeßgerät für die Strömungsgeschwindigkeit zur Verfügung stand. θ_2 berechnete sich bei 9µS/S zu 0,611.

Wird das Signal $u_{RM}(t)$ nicht mit Hilfe eines Tiefpassfilters nachgeführt, entsteht ein Signalverlauf wie in Bild 8.3.13.

Eine eigene Versuchsreihe, bei der die Temperatur bis ϑ=97°C erhöht wurde, lieferte keine eindeutigen Ergebnisse in Bezug auf die Störspannungen und das Verhalten der Flüssigkeitskapazität. Insbesondere der störende Einfluß des Rauschens ließ keine eindeutigen Aussagen zu.

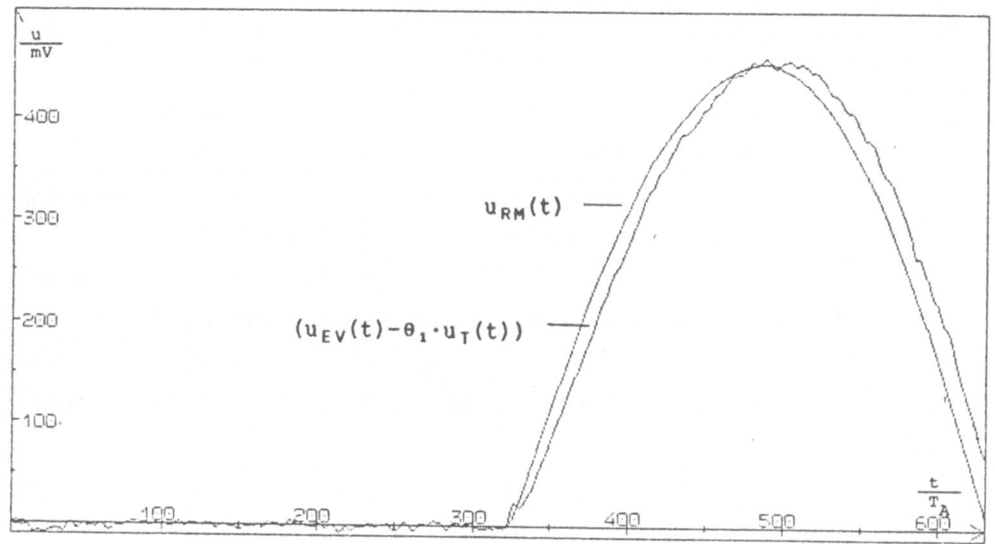

Bild 8.3.13: Mit θ_2 an $(u_{EV}(t)-\theta_1 \cdot u_T(t))$ angepaßtes $u_{RM}(t)$ bei einer Leitfähigkeit von 149μS/cm, einer Temperatur ϑ=18°C und $\bar{v}$>0m/s, jedoch ohne Tiefpaßfilterung von $u_{RM}(t)$

8.3.2 Bei e-funktionsförmigem zeitlichen Feldverlauf

Der zweite in dieser Arbeit untersuchte "natürliche" Signalverlauf ist das Einschwingen des Spulenstromes nach einem Spannungssprung. Dabei ist der zeitliche Verlauf der Spannung von untergeordneter Bedeutung, solange er in seinem Amplitudenverhalten reproduzierbar ist. Werden die zu verarbeitenden Signale mit Hilfe eines Multiplexers und eines schnellen A/D-Wandlers quasi gleichzeitig erfaßt, kann man diese Forderung fallen lassen. Das LSQ-Verfahren ermöglicht es also, den elektronischen Aufwand zur Erzeugung des Spulenstromes stark zu reduzieren.

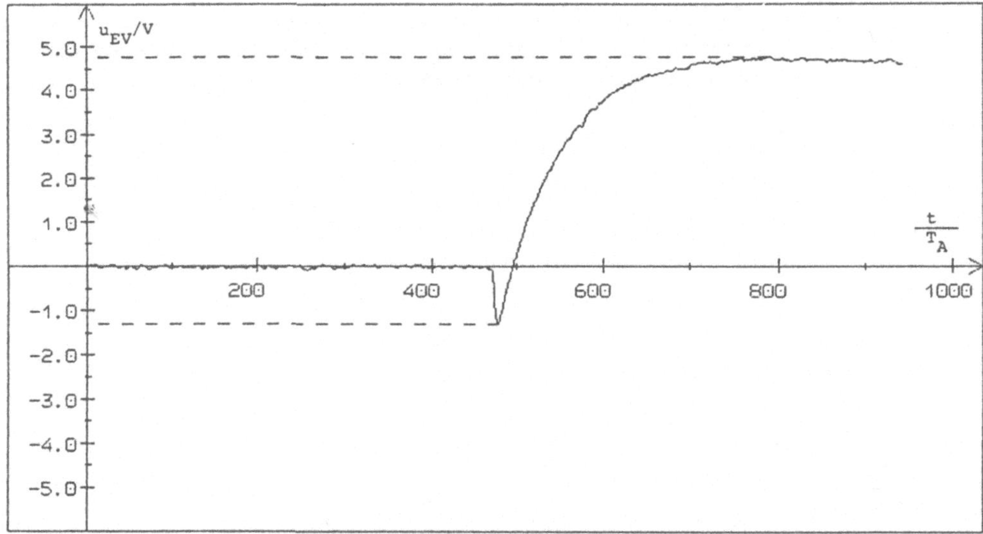

Bild 8.3.14: Verstärktes Elektrodensignal $u_{EV}(t)$ bei $\bar{v}$=1,18m/s

Bild 8.3.14 zeigt den Elektrodensignalverlauf bei ϑ=18°C, der Leitfähigkeit 149 µS/cm und der Strömungsgeschwindigkeit $\bar{v}$=1,18m/s. Ausgewertet wurden 900 Meßwerte. Die ersten 450 Meßwerte dienten auch hier zur Berechnung des Nullpunktes und anschließender Beseitigung der Offsetspannungen. In Bild 8.3.15 ist der Signalverlauf für $\bar{v}$=0m/s dargestellt. Dieses Signal stellt die transformatorische Störspannung $u_T(t)$ dar.

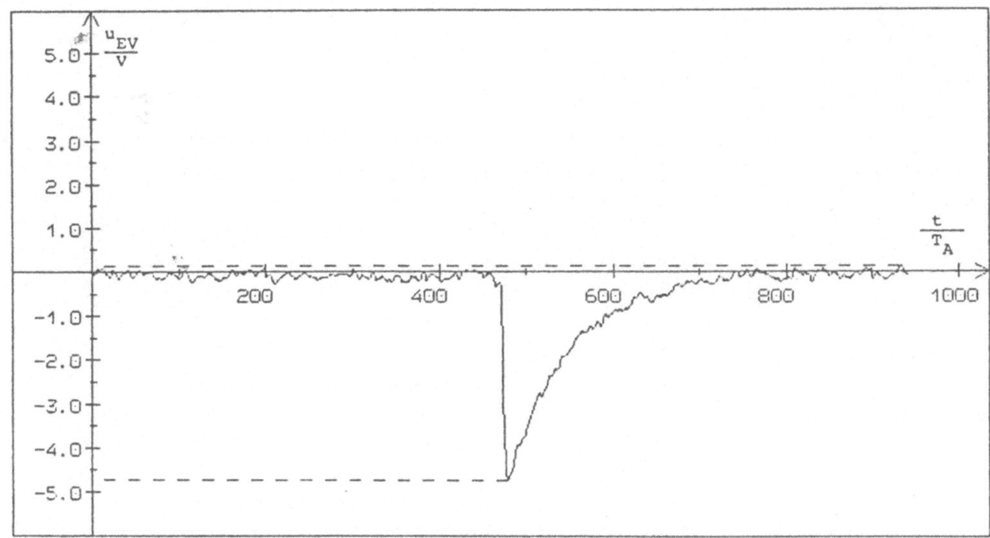

Bild 8.3.15: Verstärktes Elektrodensignal $u_{EV}(t)$ bei $\bar{v}$=0m/s

Bild 8.3.16 zeigt den entsprechenden Verlauf der Spannung $u_{TR}(t)$.

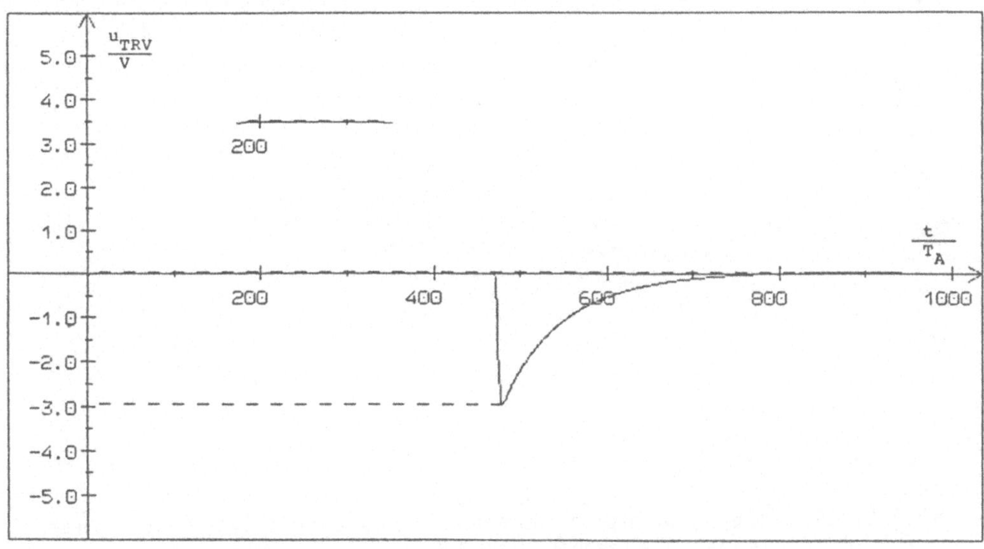

Bild 8.3.16: Referenzspannung $u_{TR}(t)$ für die transformatorische Störspannung $u_{TRV}(t)$

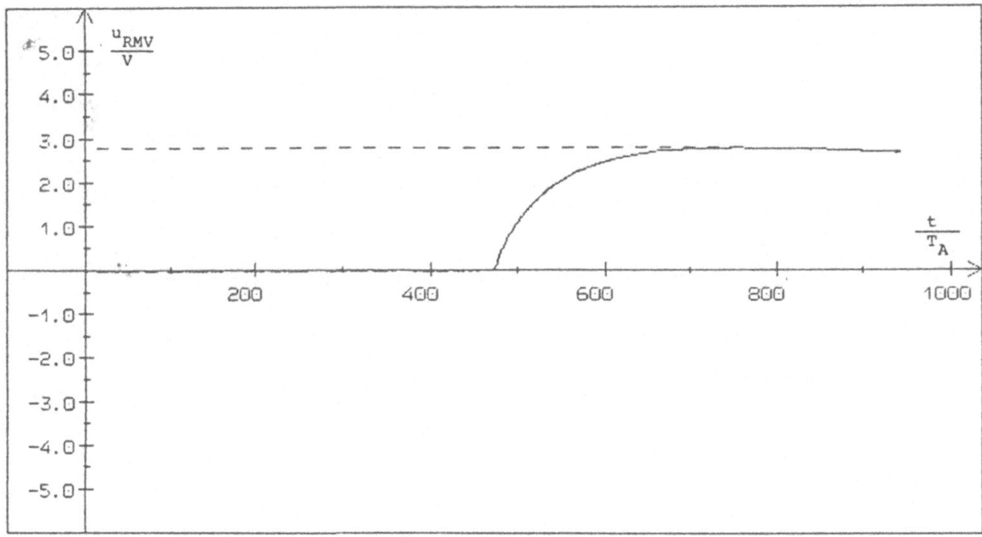

Bild 8.3.17: Spulenstrom $i_S(t)$ als Spannungsabfall $u_{RMV}(t)$ am Meßwiderstand R_M

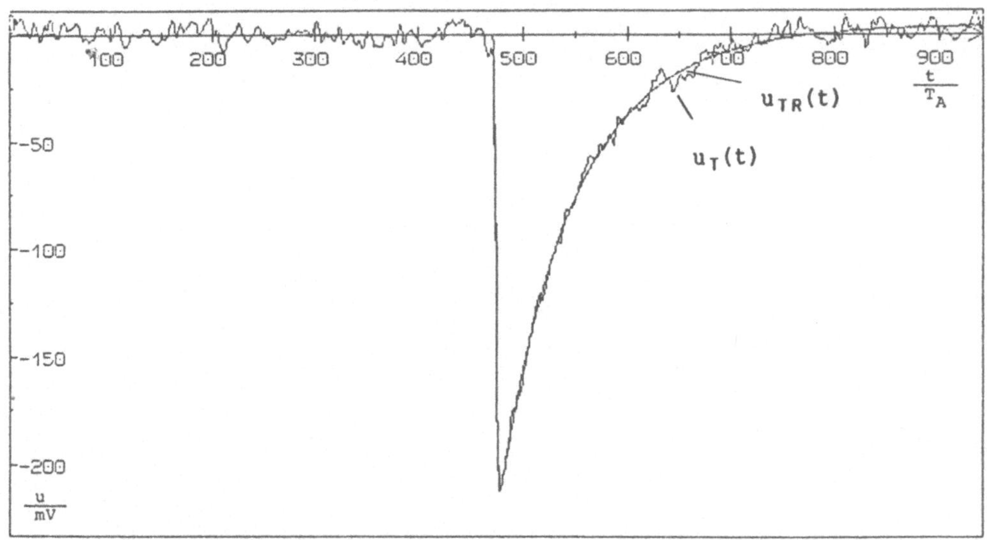

Bild 8.3.18: Mit θ_1 an $u_T(t)$ angepaßtes $u_{TR}(t)$ bei 149μS/cm, einer Temperatur ϑ=18°C von $\bar{v}$=0m/s

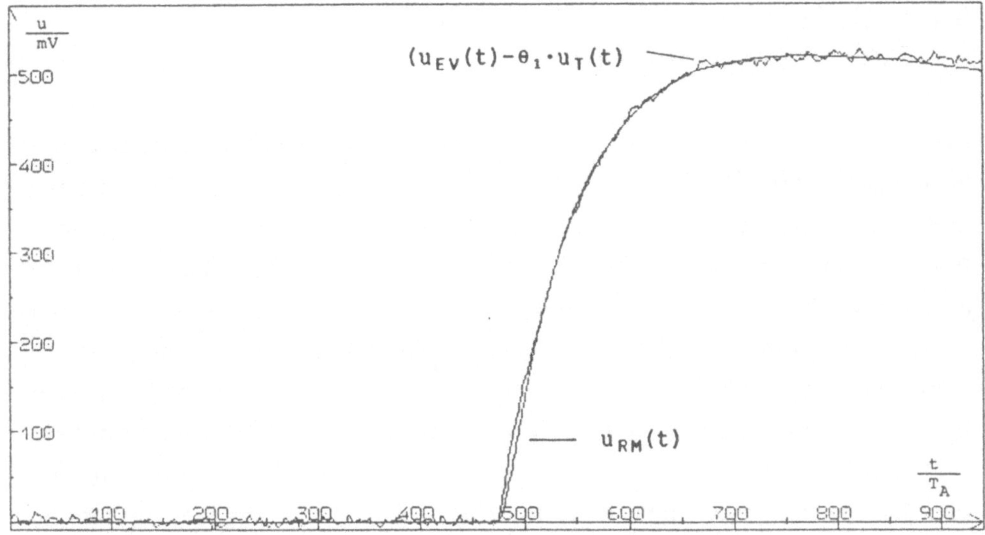

Bild 8.3.19: Mit θ_2 an $(u_{EV}(t)-\theta_1 \cdot u_T(t)$ angepaßtes $u_{RM}(t)$ bei einer Leitfähigkeit von 149μS/cm, einer Temperatur ϑ=18°C und $\bar{v}$>0m/s

Wie in Kapitel 8.3.1 schon für sinusimpulsförmige Spulenstromimpulse beschrieben, wird auch hier aus $u_{EV}(t)$ bei $\bar{v}$=0m/s und $u_{TR}(t)$ der Faktor θ_1 berechnet und dient dann zur Kompensation der transformatorischen Störspannung im Meßergebnis. Bild 8.3.18 zeigt die Anpassung beider Signalverläufe mit θ_1 aneinander.

Bild 8.3.19 zeigt den von der transformatorischen Störspannung befreiten Elektrodenspannungsverlauf $u_{EV}(t)$ und den mit θ_2 angepaßten Spannungsverlauf $u_{RM}(t)$ (Bild 8.3.17).

Bei beiden Signalformen kann basierend auf den in dieser Arbeit vorgestellten Modellen eine Störsignalbefreiung auch dann durchgeführt werden, wenn sich die Prozessparameter Leitfähigkeit und Temperatur ändern.

8.4 Fehlerfunktion in Abhängigkeit von der Strömungsgeschwindigkeit

Mit dem im Abschnitt 8.2 beschriebenen Versuchsaufbau wurden zur Bestimmung der Linearität und des Meßfehlers der Meßwerterfassung und -verarbeitung Vergleichsmessungen mit der Wägezelle durchgeführt. Die mechanischen Eigenschaften dieser Meßeinrichtung sind in [25] ausführlich beschrieben. Die Genauigkeit für die Kraftmeßdose und den nachgeschalteten Verstärker beträgt zusammen ca. 0.5% vom Meßbereichsendwert. Sowohl Meßfehler als auch Linearität des modifizierten Meßaufnehmers mit der Meßwertverarbeitung nach dem LSQ-Verfahren sind für beide Impulsformen als gleich anzusehen. Eine Differenzierung zwischen beiden war nicht möglich. Die Vergleichsmessungen wurden im Bereich niedriger Strömungsgeschwindigkeiten durchgeführt. Bild 8.4.1 zeigt den Linearitätsverlauf. Auf der Abszisse ist der vom LSQ-Algorithmus berechnete einheitenlose Wert θ_2 aufgezeichnet und auf der Ordinate der Vergleichswert in l/min bzw. cm/s. Berücksichtigt wurden bei der Berechnung jedes Meßwertes 354 Abtastwerte des Signals. Ebensoviele Abtastwerte dienten zur Offsetbefreiung. Der Spulenstrom hatte einen Maximalwert von ca. 160 mA. Als zusätzliche Parameter wurden bei der Fehlerbestimmung die Leitfähigkeit und die Temperatur verändert. Da die Temperatur im Meßkreislauf während der Versuche nicht konstant gehalten werden konnte, wurde zunächst die Leitfähigkeit bei der Raumtemperatur von 18°C variiert und danach eine Versuchsreihe bei 60°C durchgeführt. Die Gerade in Bild 8.4.1 ist um -0.3l/min in Ordinatenrichtung verschoben. Diese Verschiebung ensteht entsprechend der Fehlerbetrachtungen in Abschnitt 7 hauptsächlich durch die kapazitive Störspannung. Das Fehlerdiagramm in Bild 8.4.2 zeigt den relativen Fehler vom Meßwert in Abhängigkeit von der Strömungsgeschwindigkeit. Jeder Meßpunkt im Fehlerdiagramm repräsentiert das Ergebnis der Auswertung eines Stromimpulses.

Die Vergleichsmessungen wurden mit einem integrierenden Verfahren durchgeführt. Die durch die Kreiselpumpe verursachten Pulsationen in der Strömung gehen als Zeitmittelwert in die Messung ein. Das LSQ-Verfahren liefert durch die Auswertung von je einem Stromimpuls der Dauer von 35.4ms jedoch den Momentanwert. Der hierdurch verursachte Fehler kann in der bestehenden Versuchsmeßstrecke nicht näher bestimmt werden. Zusätzlich war die Pumpendrehzahl driftbehaftet.

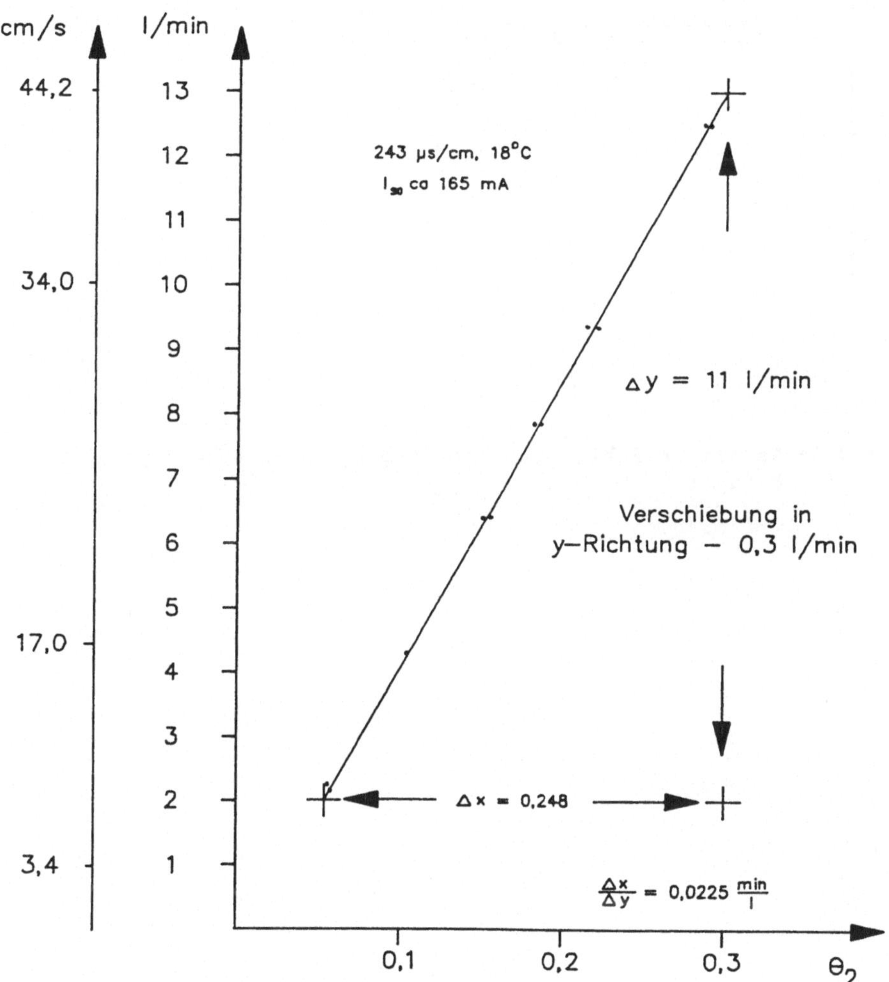

Bild 8.4.1: Linearität des Versuchsgerätes

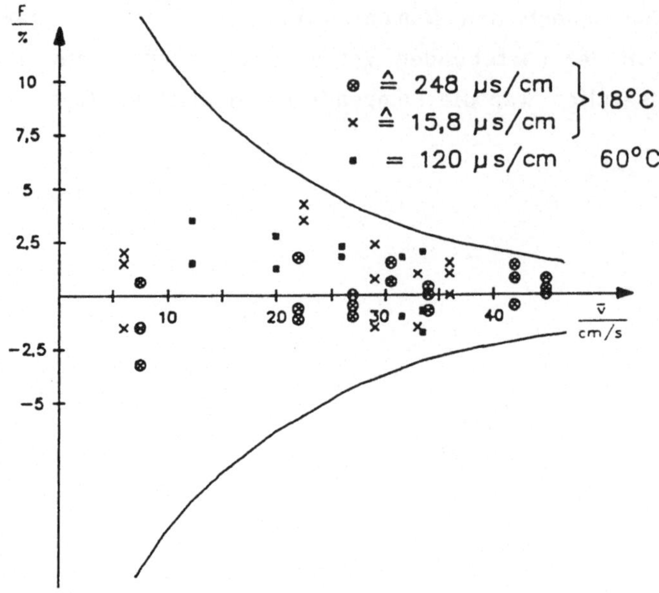

Bild 8.4.2: Relativer Fehler des Meßergebnisses in Abhängigkeit vom Meßwert

8.5 Kanalkapazität beim Versuchsaufbau

Die Kanalkapazität eines magnetisch-induktiven Durchflußmeßaufnehmers wurde in Kapitel 5 mit Gl. 5.2.7 zu

$$C_K = f_g \cdot \text{lb}\left(1 + \frac{i_S^2 \cdot F_1^2 \cdot d^2 \cdot \bar{v}^2 \cdot g^2}{A^2 \cdot \bar{u}_n^2}\right)$$

bestimmt. Aus den Versuchen mit Leitungswasser der Leitfähigkeit 149µS/cm bei 18°C konnte beim Rohrquerschnitt 25mm des Meßaufnehmers der Wert

$$\frac{F_1 \cdot d \cdot g}{A} \approx 129 \cdot 10^{-9} \cdot \frac{V \cdot s}{cm \cdot mA}$$

abgeschätzt werden. Der Mittelwert des Rauschspannungsbetrages ergab sich näherungsweise zu

$$\bar{u}_N \approx 1.25\mu V.$$

Bei einem Spulenstrom I_{S_0}=160mA ergibt sich für die Kanalkapazität

$$C_K = f_g \cdot \text{lb}\left(1 + \frac{272.64 \cdot 10^{-6} \cdot \bar{v}^2}{\left(\frac{cm}{s}\right)^2}\right)$$

Nach Abschnitt 3.2.4 und Abschnitt 7.4 wird mit einer Bandbegrenzung

$$1Hz \leq f \leq 250Hz$$

gerechnet. Dabei bleibt die Instationarität der oberen Eckfrequenz aufgrund der Fluideigenschaften unberücksichtigt. Dieser Frequenzbereich umfaßt noch alle Störgeräusche, die durch das Fluid erzeugt werden. Die Kanalkapazität ergibt sich dann in Abhängigkeit von der mittleren Strömungsgeschwindigkeit $\bar{v}$ gemessen in [cm/s] zu

$$C_K = 250Hz \cdot \text{lb}\left(1 + \frac{272.64 \cdot 10^{-6} \cdot \bar{v}^2}{\left(\frac{cm}{s}\right)^2}\right)$$

Die Kanalkapazität ist abhängig vom Logarithmus zur Basis 2 des Quadrates der Strömungsgeschwindigkeit.

$\frac{\bar{v}}{cm/s}$	0	1	3	5	8	10	20	50	100
$\frac{C_K}{1/s}$	0	0.098	0.88	2.5	6.2	9.7	37.3	187.5	474.5

Tabelle 8.5.1: Kanalkapazität in Abhängigkeit der Strömungsgeschwindigkeit

Bild 8.5.1 zeigt den Verlauf der Kanalkapazität in Abhängigkeit der Strömungsgeschwindigkeit.

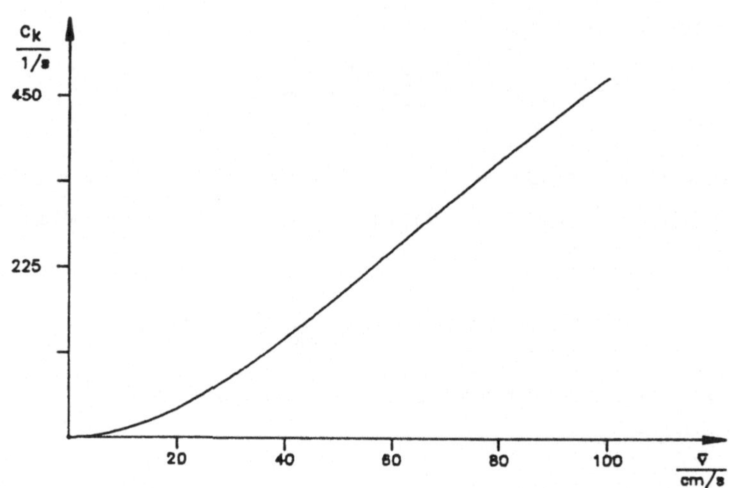

Bild 8.5.1: Kanalkapazität des Versuchsaufbaus

Nach Kapitel 5 Gl. 5.2.8 berechnet sich die maximale Zeit t_a zwischen zwei Abtastwerten zu

$$t_a \leq \frac{1}{2 \cdot \lg(e) \cdot \omega_g} \cdot \frac{\lg\left(1+\frac{P_u}{P_n}\right)}{\sqrt{1+\frac{P_u}{P_n}} - 1} \quad .$$

Setzt man die Ergebnisse für Nutz- und Störspannungen ein ergibt sich:

$$t_a \leq \frac{1}{4 \cdot \lg(e) \cdot f_g \cdot \pi} \cdot \frac{\lg\left(1+\frac{272.64 \cdot 10^{-6} \cdot \bar{v}^2}{cm^2/s^2}\right)}{\sqrt{1+\frac{272.64 \cdot 10^{-6} \cdot \bar{v}^2}{cm^2/s^2}} - 1} \quad .$$

$\frac{\bar{v}}{cm/s}$	0	1	3	5	8	10	20	50	100
$\frac{t_{amax}}{\mu s}$	0	636.6	636.2	635.5	633.9	632.3	620.3	557.5	450.0

Tabelle 8.5.2: Maximale Abtastzeit in Abhängigkeit der Strömungsgeschwindigkeit

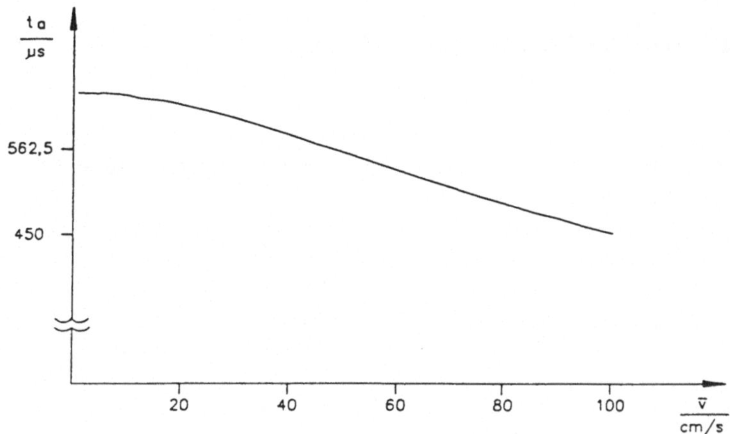

Bild 8.5.2: Abtastzeit in Abhängigkeit der Strömungsgeschwindigkeit

Unter Berücksichtigung der in Abschnitt 5.2 aufgeführten einschränkenden Bedingungen kann die erforderliche Abtastfrequenz zu $f_a \geq 2.3$kHz abgeschätzt werden. Es ist anzumerken, daß dieser Grenzwert nur für die maximal übertragbare Information pro Zeiteinheit gilt. Die tatsächlich übertragbare Information pro Zeiteinheit liegt unterhalb dieser Grenze. Im Versuchsaufbau wurde eine Abtastfrequenz von 10kHz gewählt. Bei einer Realisierung eines Meßgerätes mit geringer Leistungsaufnahme wird die maximal mögliche Abtastfrequenz durch den CMOS--A/D-Wandler festgelegt. Heute maximal mögliche Werte liegen bei ca. 10kHz.

9 Realisierung eines magnetisch-induktiven Durchflußmeßgerätes mit geringer Leistungsaufnahme nach dem LSQ-Verfahren

In Bild 9.1 ist schematisch der Aufbau des realisierten Meßgerätes dargestellt.

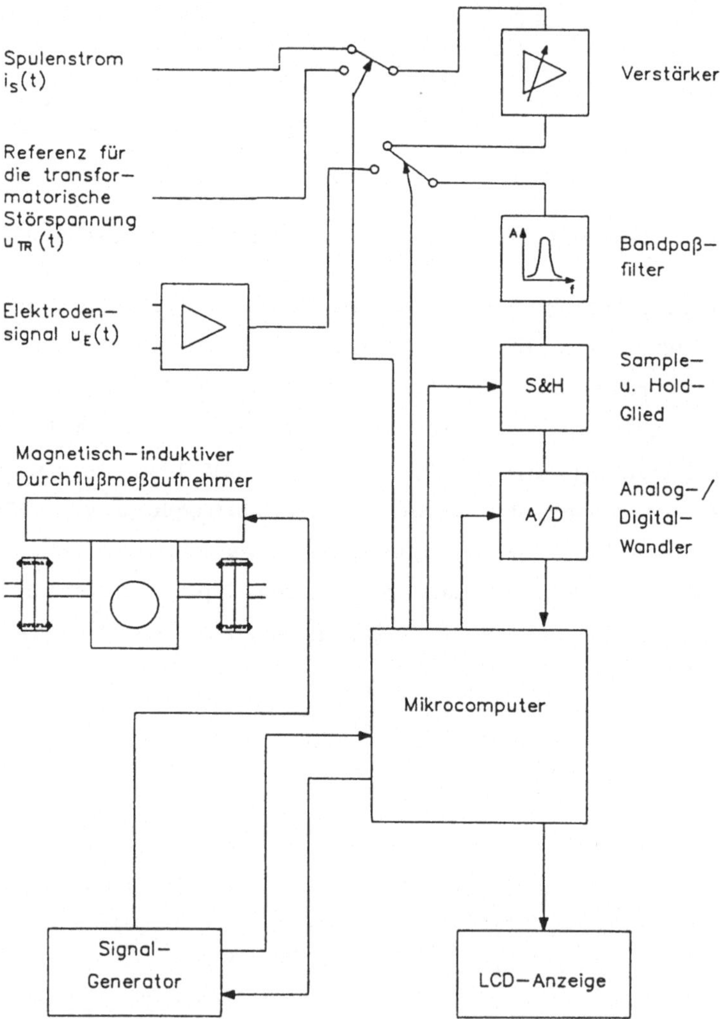

Bild 9.1: Schematischer Aufbau des Meßgerätes

Bild 9.2: Mechanischer Aufbau des Versuchsgerätes

9.1 Meßwerterzeugungseinheiten mit gedämpftem Schwingkreis

Die Schaltung im Anhang Bild A.1 dient zur Erzeugung sinusförmiger Stromimpulse konstanter Amplitude. Sie weist die folgenden besonderen Merkmale auf:

- Die Impulserzeugung erfolgt durch einen Umschwingvorgang im passiven Schwingkreis.
- Die Aufladung des Schwingkreiskondensators und der Umschwingvorgang werden durch die positive Flanke eines externen Steuersignales ausgelöst.
- Die Ladung des Kondensators kann mittels eines einstellbaren Zählers über DIL-Schalter vorgewählt werden.
- Als Schwingkreisinduktivität dient die Induktivität der Spule des Meßaufnehmers.
- Die Schaltung generiert einen digitalen Steuerimpuls für die Meßwerterfassungseinheit zu Beginn eines Meßzyklus.

Die Impulsbreite des Stromimpulses kann über die Wahl der Meßaufnehmerinduktivität und der Schwingkreiskapazität voreingestellt werden. Zu berücksichtigen sind dabei die Energieverhältnisse im Schwingkreis (vgl. Kapitel 5.2). Eine ausführliche Beschreibung der Impulserzeugungseinheit und ein detaillierter Schaltplan befinden sich im Anhang A.

9.2 Vorverstärker, Signalumschalter und Frequenzbandbegrenzung

Die auszuwertenden Spannungen $u_{RM}(t)$, $u_E(t)$ und $u_{TR}(t)$ müssen mit Hilfe von Verstärkern auf den Eingangsspannungsbereich von +/-5V des A/D-Wandlers angepaßt werden. Zusätzlich ist eine spektrale Begrenzung auf den Bereich zwischen 10 und 40Hz erforderlich. Im folgenden wird die elektronische Schaltung beschrieben, die zu diesem Zweck für das Versuchsgerät entwickelt wurde.

Die Auswahl der Bauelemente, insbesondere der Operationsverstärker erforderte besondere Aufmerksamkeit, da die Verstärkerstufen eine möglichst geringe Leistungsaufnahme aufweisen sollen. Zur Realisierung eigneten sich somit nur CMOS-Operationsverstärker. Ausgewählt wurde der Typ CA 3440 der Fa. RCA.

Die Signaleingänge für die Signale $u_{MR}(t)$ und u_{TR} werden durch einen Instrumentenverstärker des Typs INA 102 und einen Analogmultiplexer AD 7502 gebildet (Bild B.1 Anhang). Der Analogmultiplexer gewährleistet einen ausreichend geringen Einfluß des On-Widerstandes auf die zu schaltende Signalspannung. Nach dem Eingangsverstärker werden die Signale mit einem Hochpaß vom Gleichanteil befreit und anschließend mit einem Elektrometerverstärker noch einmal verstärkt. Der Eingangsverstärker schützt zusätzlich die nachfolgenden CMOS-Verstärker vor der Zerstörung durch Hochspannungsimpulse. Die Gesamtverstärkung diese Signalzweiges beträgt V=14,8. Vor dem Multiplexer, der die verschiedenen Signalpfade auf das Bandpaßfilter schaltet, ist noch ein Tiefpaßfilter mit der Zeitkonstanten τ=1,5ms zwischengeschaltet. Dieses Filter gleicht die Signallaufzeit bzw. die Phasenverschiebung des Signalpfades an die des Pfades für das Elektrodensignal an. Der Einfluß der Flüssigkeit wurde dabei berücksichtigt.

Das Elektrodensignal $u_E(t)$ kann bei einer Spulenstromamplitude von 140mA für Strömungsgeschwindigkeiten bis 3m/s Werte im Bereich 72-570μV annehmen. Der Eingangsverstärker des A/D-Wandlers darf in diesem Bereich nicht übersteuert werden. Nach der Vorverstärkung von V=24,9 durch den Instrumentenverstärker wurde deshalb ein digital einstellbarer Verstärker vorgesehen, bei dem zur Signalpegelanpassung die Verstärkungen V=10, 20, 40 und 80 eingestellt werden können. Die Widerstände sind so ausgewählt worden, daß der Fehler durch Toleranzen unter 0,5% liegt. Der Instrumentenverstärker für das Elektrodensignal muß sehr hohe Anforderungen in Bezug auf den Eingangsruhestrom erfüllen. Ein zu hoher Eingangsruhestrom kann den durch die Flüssigkeit gebildeten Kondensator aufladen. Hieraus resultieren starke Driften im Meßergebnis. Aus diesem Grund war es erforderlich, den Instrumentenverstärker diskret aus dem Doppel-Bifet-Operationsverstärker OPA 2111 von Burr Brown und dem Verstärker CA 3440 der Fa. RCA aufzubauen. Auch in diesem Signalzweig schützt der Bifet-Verstärker die nachfolgenden CMOS-Verstärker.

Beide Signalzweige werden über einen Multiplexer mit dem Bandpaßfilter verbunden. Zur Signalentkopplung und zur Offsetbefreiung dient ein Elektrometerverstärker mit vorgeschaltetem Hochpaßfilter. Die Zeitkonstante des Filters ist auf τ=0.148 s eingestellt. Der Elektrometerverstärker hat unter Vernachlässigung der Toleranzen die Verstärkung V=47. Der Bandpaß besteht aus einem Tiefpaß und einem Hochpaß je zweiter Ordnung mit Butterworthcharakteristik. Die Berechnungsgrundlagen sind in [85] beschrieben. Die für das Elektrodensignal maximal mögliche Gesamtverstärkung beträgt näherungsweise V_g=93700. In Bild B.1 im Anhang ist der Schaltplan der Verstärkereinheit dargestellt.

Durch das neue Signalverarbeitungsverfahren ist es möglich geworden, sehr einfache Verstärkerstufen einzusetzen. Die gesamte Störspannungskompensation wird im Mikrocomputer durchgeführt. So entfallen beispielsweise die analogen Synchronisationsschaltungen zur Beseitigung der Einflüsse der Netzfrequenz.

9.3 Mikrocomputer und A/D-Wandler

Die von Haak in [82] durchgeführten Untersuchungen zur Leistungsaufnahme von Mikrocomputern mußten für den hier vorliegenden Anwendungsfall ergänzt werden. Auf der Basis der Ergebnisse in [82] wurde mit dem Mikroprozessor CDP1802 der Fa. RCA ein Mikrocomputer zur Meßwerterfassung und Verarbeitung entwickelt und auf seine Eigenschaften in Bezug auf die Leistungsaufnahme untersucht.

Bild 9.3.1 zeigt das Blockschaltbild des Mikrocomputers. Der Mikroprozessor CDP1802 ist über den Datenbus mit den Peripheriekomponenten Multiplizierer (MDU), Programmspeicher (EPROM), Datenspeicher (RAM), paralleler Ein- und Ausgabebaustein (PIO), Anzeige und A/D--Wandler verbunden. Die Register des Multiplizierers sind in den Speicherbereich des Mikroprozessors eingeblendet. Sie können über Speicherzugriffe angesprochen werden (Memory-Mapped-Input and -Output). Die erforderliche Selektierung der Speicherbausteine und des Multiplizierers erfolgt mit Hilfe der Adressdekodierung. Der A/D-Wandler, der parallele Ein- Ausgabebaustein sowie die Anzeige werden mit Hilfe der Ein- und Ausgabesteuerleitungen N0, N1 und N2 angesprochen.

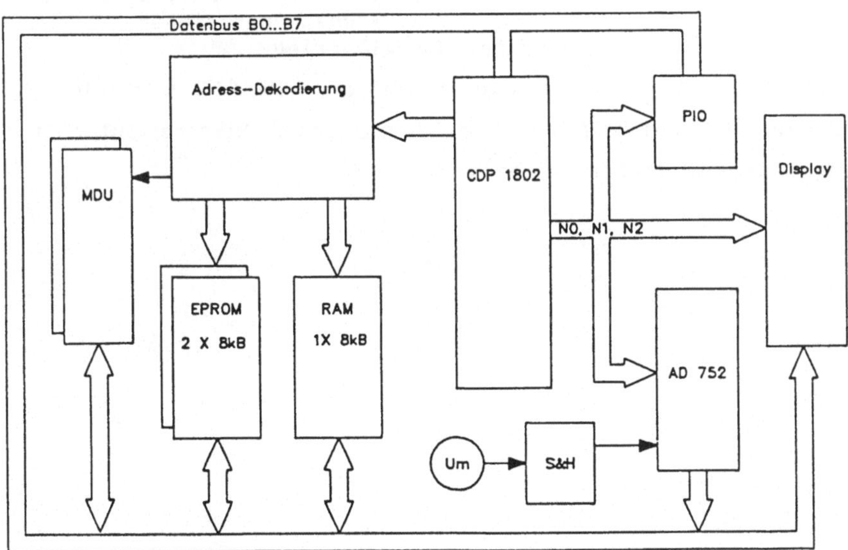

Bild 9.3.1: Blockschaltbild des Mikrocomputers mit A/D-Wandler

Bild 9.3.2 zeigt die Stromaufnahme des Mikrocomputers in Abhängigkeit von der Spannungsversorgung bei einer Betriebsfrequenz von 2,475MHz. Unberücksichtigt blieb dabei die Stromaufnahme des A/D-Wandlers.

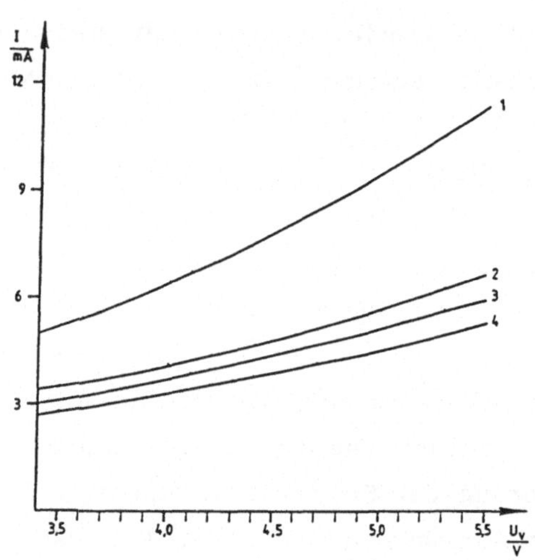

Bild 9.3.2: Betriebsstrom des Mikrocomputers in Abhängigkeit von der Betriebsspannung:
1 bei Speicheroperationen
2 beim Zugriff auf den Multiplizierer
3 bei Ein- Ausgabeoperationen
4 bei Normalbetrieb

Ein Betrieb des Multiplizierers und Dividierers CDP1855 war unter 4V Betriebsspannung nicht möglich. Der "Single-Board-Mikrocomputer" wird in Anhang C detailliert beschrieben.

9.4 Strukturdiagramm der Software

Bild 9.4.1 und 9.4.2 zeigt das Flußdiagramm des Hauptprogramms der digitalen Meßwertverarbeitung. An Hand der aufgeführten Unterprogrammaufrufe wird das Programm im folgenden kurz beschrieben.

Damit das Elektrodensignal bei der Strömungsgeschwindigkeit $\bar{v}=0$ m/s eingelesen werden kann, müssen zunächst die Steuerbits für die Verstärker, die Multiplexer sowie die Spulenstromerzeugung ausgegeben werden. Die Spulenstromerzeugungseinheit löst vor dem Beginn des Spulenstromsignals einen Interrupt am Mikroprozessor aus. Danach wird erneut das Steuerbyte ausgegeben und das Referenzsignal für die transformatorische Störspannung eingelesen. Beide Meßreihen werden in die Datenfelder A3(n) und A2(n) geschrieben. Anschließend konvertiert das Programm die Meßwerte in die Zweierkomplementdarstellung. Die konvertierten Zahlen werden dann vom Mittelwert befreit. Dazu dient ein Zeitraum ohne Spulenstromsignal zu Beginn jedes Meßzyklus. Zur Berechnung des Zählers von Gl. 5.2.22 werden die Produkte der Datenfelder aufsummiert. Anschließend berechnet der Mikrocomputer den Nenner von Gl. 5.2.22. Zur Berechnung der Division wird der Divisor durch Schiebeoperationen auf 12Bit und der Dividend auf 24Bit Länge gebracht. Nach der Berechnung von θ_1 kann dann der Signalverlauf des Spulenstromes eingelesen kann. An dieser Stelle befindet sich die Einsprungstelle für das Berechnungsprogramm. Der erste Teil diente nur zur Berechnung von θ_1, das dann vom Mikrocomputer gespeichert wird und für die Befreiung des Elektrodensignals von der transformatorischen Störspannung zur Verfügung steht. Der im Datenfeld A1(n) gespeicherte Signalverlauf des Spulenstromes kann nun konvertiert und mittelwertbefreit werden.Nachdem der zeitliche Verlauf durch eine digitale Tiefpaßfilterung an den zu erwartenden Verlauf des Nutzsignals angepaßt wurde, erfaßt der Mikrocomputer den Elektrodensignalverlauf für $\bar{v}>0$m/s und speichert ihn im Datenfeld A4(n) mit anschließender Konvertierung und Mittelwerterfassung. Bei einer Überschreitung der Bereichsgrenze paßt der Mikrocomputer durch Ausgabe eines entsprechenden Steuerbytes die Verstärkung der Signalverstärker an und wiederholt den Meßzyklus. Mit Hilfe des Faktors θ_1 berechnet der Mikrocomputer das von der transformatorischen Störspannung befreite Nutzsignal unter Berücksichtigung der eingestellten Verstärkung. Im folgenden wird nun das Ergebnis für θ_2 gemäß Gleichung 5.2.22 berechnet. Hierzu dient der gleiche Algorithmus wie zur Berechnung von θ_1. Nach der dezimalen Ausgabe der kalibrierten Meßwerte wird erneut die Signalreferenz eingelesen.

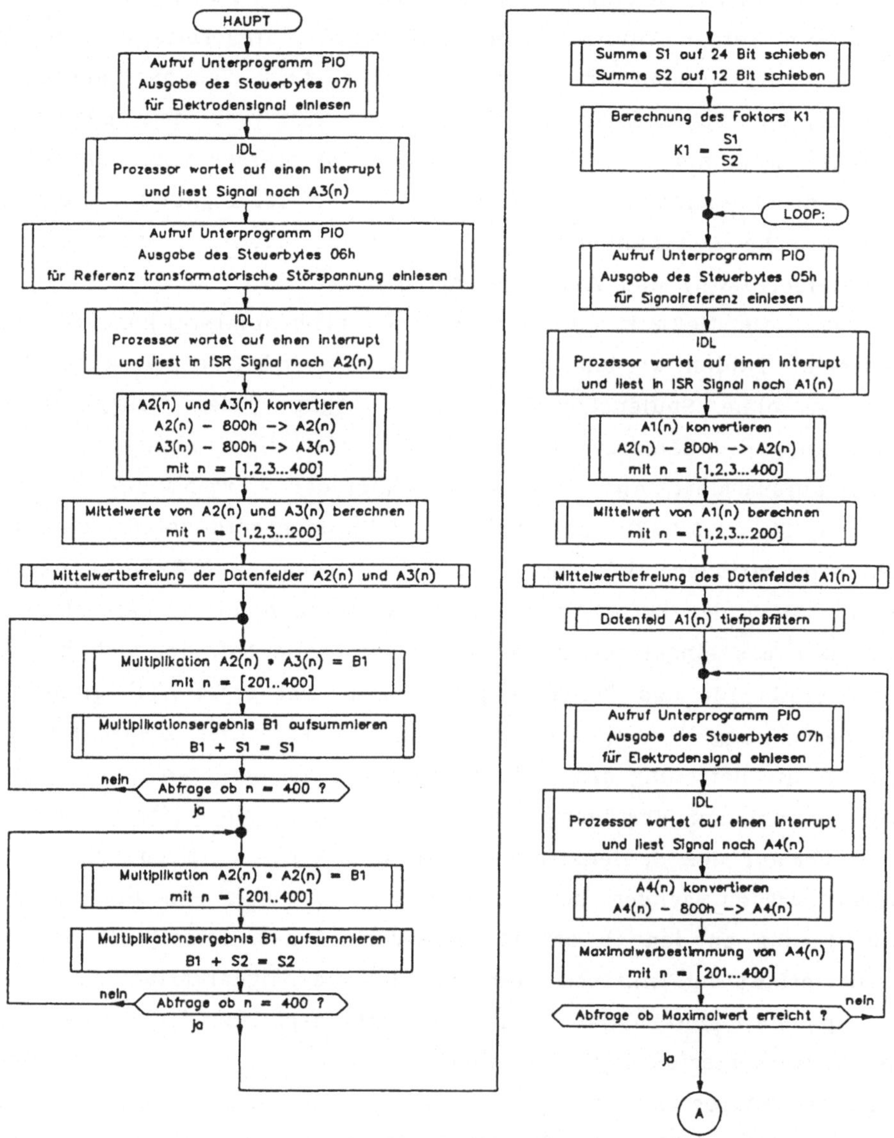

Bild 9.4.1: Flußdiagramm der Meßwerterfassungs- und verarbeitungssoftware

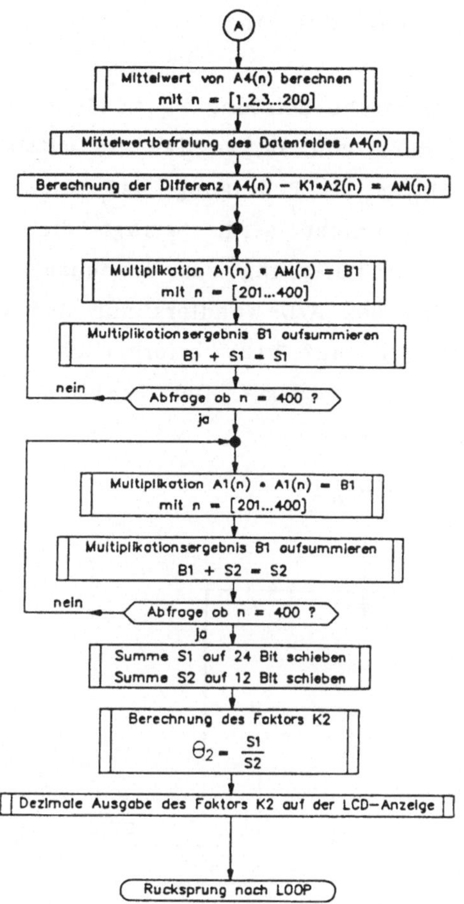

Bild 9.4.2: Flußdiagramm der Meßwerterfassungs- und verarbeitungssoftware

9.5 Leistungsbilanz des Meßgerätes

Zugeführt wird die elektrische Leistung P_{zu}=546mW. Das Gerät arbeitet bei einer Betriebsspannung von 5V, so daß ein mittlerer Betriebsstrom von 109.2mA fließt. Unter der Bedingung, daß alle drei Sekunden ein Meßwert zur Anzeige gebracht wird, beträgt die Leistung für die Signalerzeugung, also die Aufladung des Kondensators, P_k=21mW. Für die Spannungsversorgung des A/D-Wandlers und der Verstärker ist ein Spannungswandler von +5V auf ±12V erforderlich. Die Verlustleistung des Wandlers beträgt P_{DC-DC}=154mW. Der 12-Bit-A/D-Wandler benötigt eine Leistung von P_{AD}=154mW.

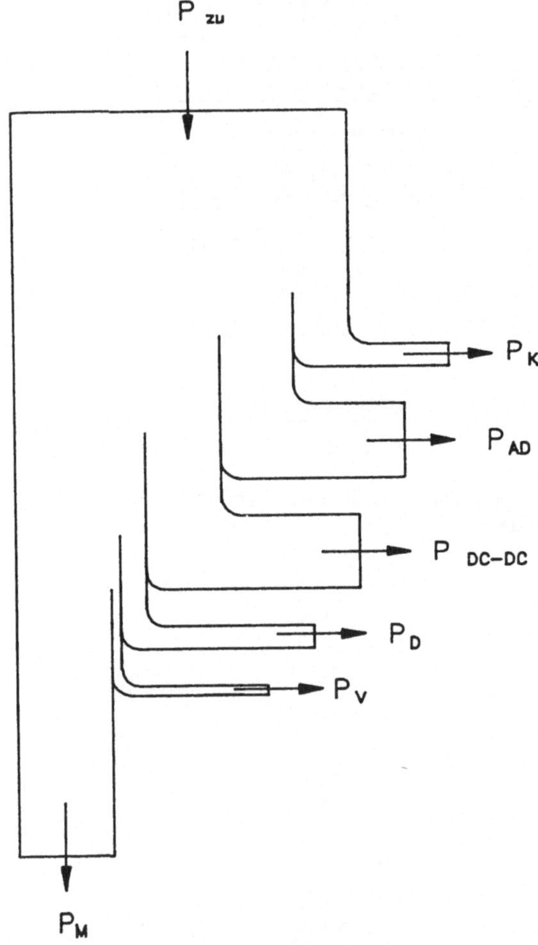

Bild 9.5.1: Leistungsbilanz des Meßgerätes

Die Leistung für die Signalverstärker beträgt P_V=12mW und die Leistung für die Anzeige beträgt 30mW. Der Mikrocomputer und die Multiplizierer nehmen eine Leistung von P_M=175mW auf.

Von untergeordneter Bedeutung ist mit 3,8% der Gesamtverlustleistung die Verlustleistung für die Spulenstromerzeugung. Die größten Verlustleistungen sind für die A/D-Wandlung, die Spannungswandlung und den Mikrocomputer erforderlich, obwohl alle Schaltkreise in CMOS--Technologie aufgebaut sind. Eine weitere Senkung der Leistungsaufnahme erfordert neue Schaltkreise mit geringerer Leistungsaufnahme und 12-Bit-A/D-Wandler mit einer 5V-Spannungsversorgung.

10 Zusammenfassung

In dieser Arbeit wurde der Leistungsbedarf magnetisch-induktiver Meßgeräte mit Hilfe eines neuen Meßwertverarbeitungsalgorithmus auf einen Betrag von 0,546W gesenkt. Zur Erfassung der Meßsignale dienten Standardmeßaufnehmer mit einer Keramikauskleidung.

Als Grundlage für diese neue Meßwertverarbeitung war die Untersuchung der determinierten und nichtdeterminierten Störungen des Meßsignals erforderlich. Speziell bei den nichtdeterminierten Störsignalen lagen aus der Literatur nur unzureichende Versuchsergebnisse vor. Auf der Basis von eigenen Versuchen konnten die Kenntnisse über diese Störgrößen vervollständigt werden, so daß ein geschlossenes Bild über ihren Einfluß auf das Meßsignal entstand. Speziell die Analyse des Einflusses des durch die Flüssigkeit gebildeten Tiefpasses ermöglichte zusammen mit den zusätzlich gewonnenen Kenntnissen über das Verhalten der anderen Störgrößen eine mathematische Modellbildung des Meßaufnehmers.

Die Untersuchungen ergaben, daß 84% der zur Meßsignalerzeugung erforderlichen Leistung im Spuleninnenwiderstand des Meßaufnehmers in Wärmeleistung umgewandelt werden. Diese Leistung geht somit für die Signalerzeugung verloren.

Aus der Literatur bekannte Konzepte zur Verkürzung des Luftspaltes wurden untersucht. Diese Konzepte sind jedoch für den industriellen Einsatz ungeeignet, da magnetisch-induktive Meßaufnehmer ihre wichtigsten Vorteile gegenüber anderen Meßaufnehmern durch die erforderlichen, in die Strömung ragenden Teile einbüßen würden.

Mit dem Modell konnte ein Meßwertverarbeitungsalgorithmus entwickelt werden, der eine Verkürzung der Spulenstromeinschaltzeit auf nahezu beliebig kurze Zeiten ermöglicht. Voraussetzung dafür ist eine zusätzliche, galvanisch getrennte Wicklung in der Elektrodennähe des Meßaufnehmers. Mit dieser Hilfswicklung und dem Verarbeitungsalgorithmus können Spulenstromverläufe der Form natürlicher Ausgleichsvorgänge, beispielsweise in Schwingkreisen, eingesetzt werden. Versuche mit sinus- und e-funktionsförmigen Stromimpulsen einer Dauer von 30–40ms und der Amplitude 165mA zeigten relative Fehler unter ±2,5% vom Meßwert im Bereich von 248μS/cm bei einer Temperatur von 18°C und einer mittleren Strömungsgeschwindigkeit 5cm/s $\leq \bar{v} \leq$ 40cm/s. Ausgewertet wurde je ein Spulenstromimpuls für jeden Meßwert. Durch Mittelwertbildung konnte der Fehler auf Werte unter 1% v. M. reduziert werden. Beide Impulsformen sind in Bezug auf den Meßfehler als gleichwertig anzusehen.

Mit Hilfe der mathematischen Modelle gelang es den Meßaufnehmer als Nachrichtenübertragungskanal darzustellen. Als umfassendes Bewertungskritrium für die Eigenschaften magnetisch-induktiver Meßaufnehmer kann nun die Kanalkapazität des Nachrichtenübertragungskanals eingesetzt werden. Dieses Bewertungskriterium bezieht im Gegensatz zu den aus der Literatur bekannten Kriterien alle Einflußgrößen ein.

Zur näheren Untersuchung wurde ein Meßgerät realisiert, das nach dem neuen Verfahren arbeitet. Zur Meßsignalbildung werden sinusimpulsförmige Stromimpulse verwendet. Sie bieten den Vorteil, daß ihre Amplitude über eine Ladeschaltung leicht konstant gehalten werden kann. Dies ist speziell bei der Verwendung von CMOS-A/D-Wandlern erforderlich, da durch die niedrige Abtastrate mehrere Meßzyklen zur Berechnung eines Anzeigewertes erforderlich sind.

Die Analyse der Leistungsaufnahme der einzelnen Komponenten zeigt, daß über die Hälfte der Gesamtleistung für den Spannungswandler sowie 12-Bit-A/D-Wandler und Sample- und Hold-Glied erforderlich sind. Neue Bauelemente in CMOS-Technologie und die Beschränkung auf einen 8-Bit A/D-Wandler könnten in Zukunft eine Reduzierung der Leistungsaufnahme bei der Verwendung von Standardaufnehmern mit zusätzlicher Hilfswicklung auf einen Betrag unter 200mW ermöglichen.

Unabhängig von der Reduzierung der Leistungsaufnahme kann das neue Verarbeitungsverfahren zur Erhöhung der Meßrate eingesetzt werden, und ist somit zur Lösung von Dosierungsproblemen gut geeignet.

Schrifttum

Zur Meßtechnik:

[1] Baker, R. C.: Electromagnetic Flowmeters, Development in Flowmeasurement-1. London: Applied Science Publishers 1982.

[2] Baker, R. C.: Theorie und Praxis der elektromagnetischen Durchflußmessung. Technisches Messen Bd. 52 (1985) Nr. 1, S. 4..12.

[3] Bevir, M. K.: Long induced voltage Electromagnetic flowmeters and the effect of velocity profile. Warwick University: PhD Thesis 1972.

[4] Blickley, G. J.: Magmeters require less power. Control Engineering (1987) Nr. 8, S. 65.

[5] Bonfig, K. W.: Einflüsse auf die Nutzspannung bei der induktiven Durchflußmessung. Archiv für technisches Messen, Blatt V 1249-8 Juli 1970.

[6] Bonfig, K. W.: Zur Theorie, Problematik und Verwirklichung der induktiven Durchflußmessung mit getastetem Gleichfeld. Dissertation an der TH München 1969..70.

[7] Bonfig, K. W.: Die Entwicklung der induktiven Durchflußmessung und ihre theoretischen Grundlagen. Archiv für technisches Messen, Blatt V 1249-9, Juni 1971.

[8] Bonfig, K. W.: Elektrochemische Störspannungen an den Elektroden bei der induktiven Durchflußmessung, Teil 1. Archiv für technisches Messen, Blatt V 1249-9, Juni 1971.

[9] Bonfig, K. W.: Elektrochemische Störspannungen an den Elektroden bei der induktiven Durchflußmessung, Teil II, Archiv für technisches Messen, Blatt V 1249-10, Juli 1971.

[10] Bonfig, K. W.: Einflüsse auf die Nutzspannung bei der induktiven Durchflußmessung, Archiv für technisches Messen, Blatt V 1249-8, Juli 1970.

[11] Bonfig, K. W.: Induktive Durchflußmessung mit getastetem Gleichfeld, Archiv für technisches Messen, Blatt V 1249-11, August 1971.

[12] Bonfig, K. W.: Eine Anlage zur induktiven Durchflußmessung mit getastetem Gleichfeld und Differenzmessung, Archiv für technisches Messen, Blatt V 1249-12, September 1971.

[13] Bonfig, K. W. und F. Hoffmann: Die Technik der magnetisch--induktiven Durchflußmessung, Teil I, Archiv für technisches Messen, Blatt V 1249-16, Juni 1975.

[14] Bonfig, K. W. und F. Hoffmann: Die Technik der magnetisch--induktiven Durchflußmessung, Teil II, Archiv für technisches Messen, Blatt V 1249-17, Juli/August 1975.

[15] Bonfig, K. W.: Technische Durchflußmessung - mit besonderer Berücksichtigung neuartiger Durchflußmeßverfahren, Vulkan Verlag Essen 1987.

[16] Bonfig, K. W. und B. Feith: Verfahren zur magnetisch--induktiven Strömungsmessung. Offenlegungsschrift 2744266, München 1979.

[17] Bonfig, K. W. und J. Himmel: Störeffekte bei der magnetisch-induktiven Durchflußmessung. Messen Prüfen Automatisieren 12 (1987), S. 712..717.

[18] Bonfig, K. W. und J. Himmel: Optimierungskriterien für magnetisch-induktive Durchflußmeßgeräte. Vortrag beim MessComp-Kongress in Wiesbaden am 29.09.1988.

[19] Buschmann, H.: Magnetisch-induktiver Durchflußmesser. München: Europäische Patentanmeldung Nr. 85111990.9, 1986.

[20] Clark, D. M. and D. G. Wyatt: An improved perivascular electromagnetic flowmeter. Pergamon Press: Med. a. Biol. Engineering, (1969) Vol. 7, S. 185..190.

[21] Engl, W. L.: Relativistische Theorie des induktiven Durchflußmessers. Archiv für Elektrotechnik, Band 46 (1961) Heft 3, S. 173..189.

[22] Engl, W. L.: Der induktive Durchflußmesser mit inhomogenem Magnetfeld, Teil 1. Springer-Verlag: Archiv für Elektrotechnik, Band 53 (1970) Heft 6, S. 344..359.

[23] Engl, W. L.: Der induktive Durchflußmesser mit inhomogenem Magnetfeld, Teil 2. Springer-Verlag: Archiv für Elektrotechnik, Band 54 (1972) Heft 5, S. 269..277.

[24] EPS 500...562: Der Industriespezialist. Köln: Prospekt der Fa. Heinrichs Meßgeräte 1986.

[25] Feith, B.: Zur Theorie und Realisierung der magnetisch--induktiven Durchflußmessung in offenen Gerinnen unter Verwendung von elektromagnetischen Drehfeldern sowie Feldern mit sinus-, dreieck- und trapezförmigem Zeitverlauf. Dissertation an der Universität Gesamthochschule Siegen 1980.

[26] Hafner, P.: New Developments in Magflowmeters. Firmenschrift: Flowtec AG, CH-4153 Reinach (Switzerland) (1987).

[27] Hemp, J.: Improved Magnetic Field for an Electromagnetic Flowmeter with Pointelectrodes. J. Phys. D., Appl. Phys., (1975) Vol. 8, S. 983..1002.

[28] Hentschel, R.: Induktive Durchflußmessung mischleitender und isolierender Flüssigkeiten. Dissertation an der Universität Hannover 1973.

[29] Hofmann, F.,R. Kürten und R. v. d. Pol: Magnetisch-induktiver Durchflußmesser für nichtleitende Flüssigkeiten. Forschungsbericht BMFT-FB-T 84136 (1985).

[30] Hogrefe, W.: Magnetisch-induktive Durchflußmesser. Regelungstechnische Praxis, (1976) 11, S. 299-304.

[31] Ketelsen, B. und E. Appel: Die Meßunsicherheit induktiver Durchflußmesser mit homogenem Magnetfeld bei rotationssymmetrisch veränderten Strömungen, Teil 1 und 2. Regelungstechnische Praxis, (1975) 12, S. 369..375 u. (1976) 13, S. 15..19.

[32] Khazraji, Y. Al. and R. C. Baker: New design concepts for electromagnetic flowmeters for the process industries. Tokyo: Proceedings of IMEKO-Symposium 1979.

[33] Kiene, W.: Magnetisch-induktive Durchflußmessung. Messen Prüfen Automatisieren, 12 (1976) 6, S. 316..331.

[34] Launer, H.-G.: Verfahren zur Beseitigung der transformatorischen Störspannung im Hinblick auf die Nullpunktstabilität bei der netzgespeisten induktiven Durchflußmessung. ATM, 46 (1979) 4, S. 151..152 u. 157..159.

[35] Martin, H.: Fischer und Porter Pressemitteilung. Fischer und Porter Göttingen 1987.

[36] Nähbauer, T. und F. Riedlberger: Messen Prüfen Automatisieren, (1984) 1/2, S. 30..35.

[37] Offenlegungsschrift Nr. DE 3037305 vom 2.10.1980. Flowtec AG, Schweiz.

[38] Offenlegungsschrift Nr. DE 2934990 vom 30.08.1979. Eckardt AG, Bundesrepublik Deutschland.

[39] Offenlegungsschrift Nr. EP 0069456 vom 26.05.1982. Aichi Tokei Denki Co. Ltd, Japan.

[40] Peters, R., F. Blischke und H. Meyr: Parameterschätzverfahren zur Bestimmung der Durchflußgeschwindigkeit auf der Basis des Korrelationsprinzips. Technisches Messen Bd. 53 (1986) Nr. 1, S. 17..24.

[41] Pol, R. v. d.: Induktive Flowmeter for very low conducting Fluids. Proceedings on FLOMEKO 1983.

[42] Polly, P.und I. Reinhold: Magnetfeldform und Meßgenauigkeit bei magnetisch-induktiven Durchflußmeßgeräten. Archiv für technisches Messen, Blatt V 1249-15 (1975), S. 139..144.

[43] Rabeh, R. H. Al and R. C. Baker: Optimisation of conventional electromagnetic flowmeters. Glasgow: Fluid Mechanics silver jubilee conference 1979

[44] Schommartz, G.: Induktive Strömungsmessung. Berlin: VEB Verlag Technik 1974.

[45] Shercliff, J. A.: The theory of electromagnetic flow-measurement. Cambridge: University Press 1962.

[46] Thürlemann, B.: Methode zur elektrischen Geschwindigkeitsmessung von Flüssigkeiten. Helv. Phys. Acta 14 (1941), S. 383..419.

[47] X1000: Gerätebeschreibung der Fa. Krohne Meßtechnik. Duisburg 1986

Zur Informations- und Systemtheorie:

[48] Brammer, K.: Kalman-Bucy-Filter. Oldenbourg Verlag, München 1975.

[49] Föllinger, O.: Regelungstechnik. Berlin: AEG-Telefunken 1980.

[50] Hänsler, E.: Grundlagen der Theorie statistischer Signale. Springer Verlag, Berlin Heidelberg New York 1983.

[51] Hamming, R. W.: Digital Filters. Prentice-Hall Inc., Englewood Cliffs 1977.

[52] Isermann, R.: Prozeßidentifikation. Springer Verlag, Berlin Heidelberg New York 1974.

[53] Isermann, R.: Identifikation dynamischer Systeme (Band1 und Band2). Springer-Verlag, Berlin Heidelberg New York 1988.

[54] Janocha, H. und A. Haupt: Algorithmen und Hardwarestrukturen für die Berechnung der Kreuzkorrelationsfunktion mit Mikrocomputern. Technisches Messen Band 54 (1987) Heft 1, S. 20..25.

[55] Kroschel, K.: Statistische Nachrichtentheorie. Springer-Verlag, Berlin Heidelberg New York 1974.

[56] Noisser R.: Bestimmung der zu einer diskreten Übertragungsfunktion gehörenden kontinuierlichen Übertragungsfunktion. Regelungstechnik 29. Jahrg. (1981) Heft 11, S. 397..402.

[57] Rühl, H.: Digitalfilter Teil1 und 2 Elektroniker (1986) Heft 4 und 5, S. 77..86 und S. 73..80.

[58] Schwieger, E.: Rekursive Digitalfilter für Echtzeitanwendungen, Teil 1 bis 4. Technisches Messen 48 Jahrg. (1981) Heft 4, 6, 9 und 11, S. 119..125, 219..224, 313..319 und 389..395.

[59] Wolf, H.: Nachrichtenübertragung. Springer-Verlag, Berlin Heidelberg New York 1982.

[60] Woschni, E.-G.: Informationstechnik. VEB Verlag Technik Berlin 1981.

[61] Woschni, E.-G.: Meßdynamik. VEB Verlag Technik Berlin 1972 .

[62] Woschni, E.-G. und M. Krauß: Meßinformationssysteme. Hüthig Verlag Heidelberg 1975.

Zur Elektrochemie:

[63] Handbook of Chemnistry and Physics, 55TH Edition. Cleveland, Ohio: CRC-Press Inc. USA 1974-1975.

[64] Kronmüller, H. und B. Zehner: Prinzipien der Prozeßmeßtechnik, Band 2. Karlsruhe: Schnäcker-Verlag 1980.

[65] Lüttgens, G. und P. Boschung: Elektrostatische Aufladungen. Grafenau: Expert-Verlag 1980.

[66] Rommel, K.: Leitfähigkeitsfiebel. Weilheim: Wissenschaftlich-Technische Werkstätten GmbH 1980.

[67] Vetter, K. J.: Elektrochemische Kinetik. Berlin, Göttingen, Heidelberg: Springer-Verlag 1961.

Zu Magnetwerkstoffen und magnetischen Kreisen:

[68] Baehr, H.: Regeln u. Steuern durch magnetische Verstärker. Braunschweig: Vieweg-Verlag 1960.

[69] Boll, R. und G. Hinz: Bandkerne aus weichmagnetischen Werkstoffen in der Leistungselektronik. Zeitschrift für angewandte Physik 26 (1969) Heft 2, Seite 116..19.

[70] Grätzer, D.: Ummagnetisierungsverluste weichmagnetischer Werkstoffe bei nicht-sinusförmiger Aussteuerung. Zeitschrift für angewandte Physik 32 (1971) Heft 3, Seite 241..46.

[71] Hamann, P.: Dauermagnetsysteme für elektromechanische Wandler. Hanau: Vacuumschmelze GmbH (1978).

[72] Kafka, W.: Der Transduktor ein Baustein der Automatisierung. Hamburg, Berlin, Bonn: R. v. Decker's-Verlag 1960.

[73] Kümmel, F.: Regel-Transduktoren. Berlin, Göttingen, Heidelberg: Springer-Verlag 1961.

[74] Marik, H.-J.: Relais und verwandte Systeme. Hanau: Vacuumschmelze GmbH (1981).

[75] Philippow, E.: Grundlagen der Elektrotechnik. Berlin: VEB Verlag Technik 1978.

[76] Stierstadt, K.: Der magnetische Barkhausen-Effekt. Berlin, Heidelberg, New York: Springer Tracts in modern Physics Vol. 40, Springer-Verlag 1966.

Zur Mathematik:

[77] Ameling, W.: Laplace-Transformation. Düsseldorf: Bertelsmann Universitätsverlag 1975.

[78] Bronstein, I. N. und K. A. Smendjajew: Taschenbuch der Mathematik. Frankfurt/Main: Verlag Harri Deutsch 1976.

[79] Bartsch, H.-J.: Mathematische Formeln. Buch- und Zeitverlagsgesellschaft Köln 1975.

Zur Elektronik:

[80] Böhmer, E.: Elemente der angewandten Elektronik. Braunschweig: Viewegverlag 1982.

[81] Germer,H. und N. Wefers.: Meßelektronik Band 1 und 2. Heidelberg: Hüthig Verlag 1986.

[82] Haak, R.: Zur Problematik und Realisierung der Schwebekörperdurchflußmessung mit elektrischem Abgriff und mikroprozessorgestützter Volumenstromberechnung. Dissertation Universität Siegen 1986.

[83] Millman, J. and C. C. Halkias: Integrated Electronics: Analog and Digital Circuits and Systems. Tokyo: McGraw-Hill Kogakusha Ltd. 1972.

[84] Nopper, G.: Energierückgewinnung aus Induktivitäten. Elektronik (1985) Nr. 9, S. 91..93.

[85] Tietze, U. und Ch. Schenk: Halbleiterschaltungstechnik. Berlin, Heidelberg, New York: Springer-Verlag 1985.

Anhang

Anhang A

Beschreibung der Impulserzeugungseinheit

In der nun folgenden Beschreibung wird die nicht invertierte Logik vorausgesetzt, bei der H für wahr und L für falsch steht. Ausgangspunkt der Beschreibung ist der Zustand des Schaltwerkes in Bild A.1, bei dem die Zählerreinheit ihren Endwert erreicht hat (IC6 Pin 13 = H) und ein Umschwingvorgang abgeschlossen ist.

Das externe Steuersignal setzt mit der positiven Flanke das D-Flip Flop (IC9, Pin 3). Dessen Ausgang ((IC9, Pin 1) und der Ausgang der Zählereinheit (IC6, Pin 13) sind NAND-verknüpft (IC7, Pin 12, 13). Das Ausgangssignal (IC7, Pin 11) wird invertiert (IC7, Pin 1, 2, 3) als Resetsignal für das D-Flip Flop (IC9, Pin 4) und die Zählereinheit (IC3, Pin 11) verwendet. Die rückgesetzten Zählerausgänge sind jetzt L (IC6, Pin 13 = L). Da das D-Flip Flop rückgesetzt ist, wird das Resetsignal L und die Zählereinheit freigegeben. Sie besteht aus zwei kaskadierten Zählerbausteinen CD 4020 (IC3, IC4), den Logik-Bausteinen CD 4071, CD 4082 und einem DIL-Schalter, mit denen man einen Zählerendstand vorwählen kann. Das Ausgangssignal der Zählereinheit (IC6, Pin 13) wird invertiert (IC7, Pin 4, 5, 6) und damit der Transistor VN10KN (T1) und der Baustein MAX 634 (IC10, Pin 8) angesteuert.

Das Signal gibt die Torschaltung für den Oszillator im MAX 634 frei. Dieser Baustein erzeugt dann Spannungsimpulse konstanter Größe (IC10, Pin 5), mit denen der Schwingkreiskondensator C1 aufgeladen wird. Um die einwandfreie Funktion des MAX 634 in dieser Betriebsart zu gewährleisten, ist das Massepotential von IC10 durch die Dioden D4, D5 um 0,7 V angehoben.

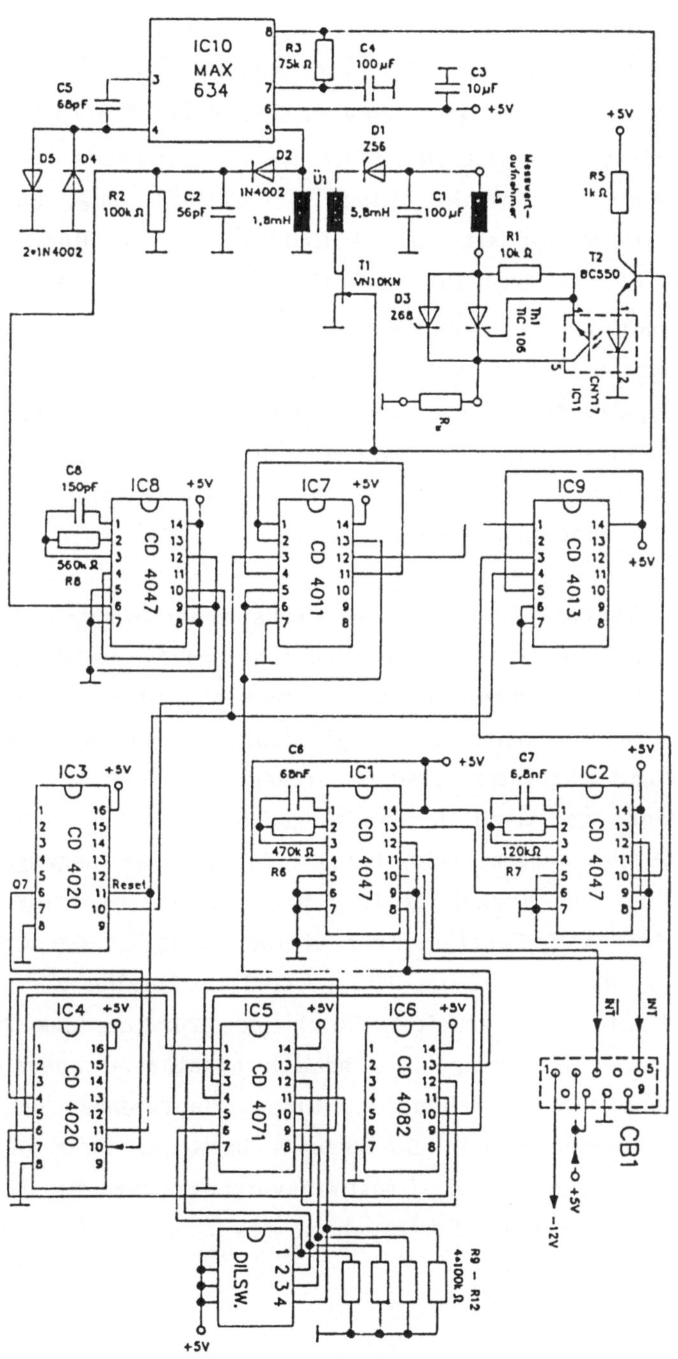

Bild A.1: Spulenstromerzeugungseinheit

Das Schließen des Ladekreises durch T1 und das Einschalten von IC10 erfolgen gleichzeitig. Im Max 634 wird mittels eines Oszillators und eines FET zyklisch die Betriebspannung, die an Pin 6 anliegt, nach Pin 5 durchgeschaltet. Die jetzt am Übertrager Ü1 anliegende positive Versorgungsspannung verursacht einen e-funktionsförmig ansteigenden Spulenstrom. D1 verhindert eine Aufladung von C1. Durch das Abschalten der Versorgungsspannung entsteht ein hoher negativer Spannungsimpuls, mit dem C1 aufgeladen wird. D1 verhindert eine Entladung in den Pulspausen und dient als Überspannungsschutz. Mit D2, C2, R2 und einem negativ-flankengesteuerten Mono-Flop (IC8) werden die erzeugten Spannungsimpulse als Takt für die Zählereinheit aufbereitet. Mit dem gewählten Zählerendstand wird also die Anzahl der Ladungsimpulse für den Kondensator C1 festgelegt.

Wenn der Zählerendstand erreicht ist, wechselt der Ausgang der Zählereinheit von L nach H (IC6, Pin 13). Dadurch wird der Ladekreis über T1 unterbrochen und die Torschaltung im Max 634 über Pin 8 gesperrt. Gleichzeitig wird ein positiv flankengesteuertes Mono-Flop gesetzt (IC1, Pin 8) und damit das Interruptsignal erzeugt (IC1, Pin 10, 11). Mit der negativen Flanke des Oszillator-Ausgangssignals (IC1, Pin 13) wird ein zweites Mono-Flop gesetzt (IC2, Pin 6). Dessen Q-Ausgang (IC2, Pin 10) steuert über den Transistor T2 den Thyristor Th1 (TICF 106) an. Zum Schutz der CMOS-Bausteine vor Überspannung ist der Optokoppler CNY 17 (IC11) zwischen T2 un Th1 geschaltet. Parallel zum Thyristor ist eine Freilaufdiode geschaltet. Durch jede Zündung des Thyristors wird ein Umschwingvorgang im Parallelschwingkreis ausgelöst. Der Spulenstrom hat den zeitlichen Amplitudenverlauf einer Periode einer gedämpften Sinus-Schwingung. Die gesamte im Kondensator gespeicherte Energie wird während eines Umschwingvorgangs für die Meßwerterzeugung in den ohmschen Verbrauchern des Schwingkreises in Wärme umgesetzt.

Anhang B

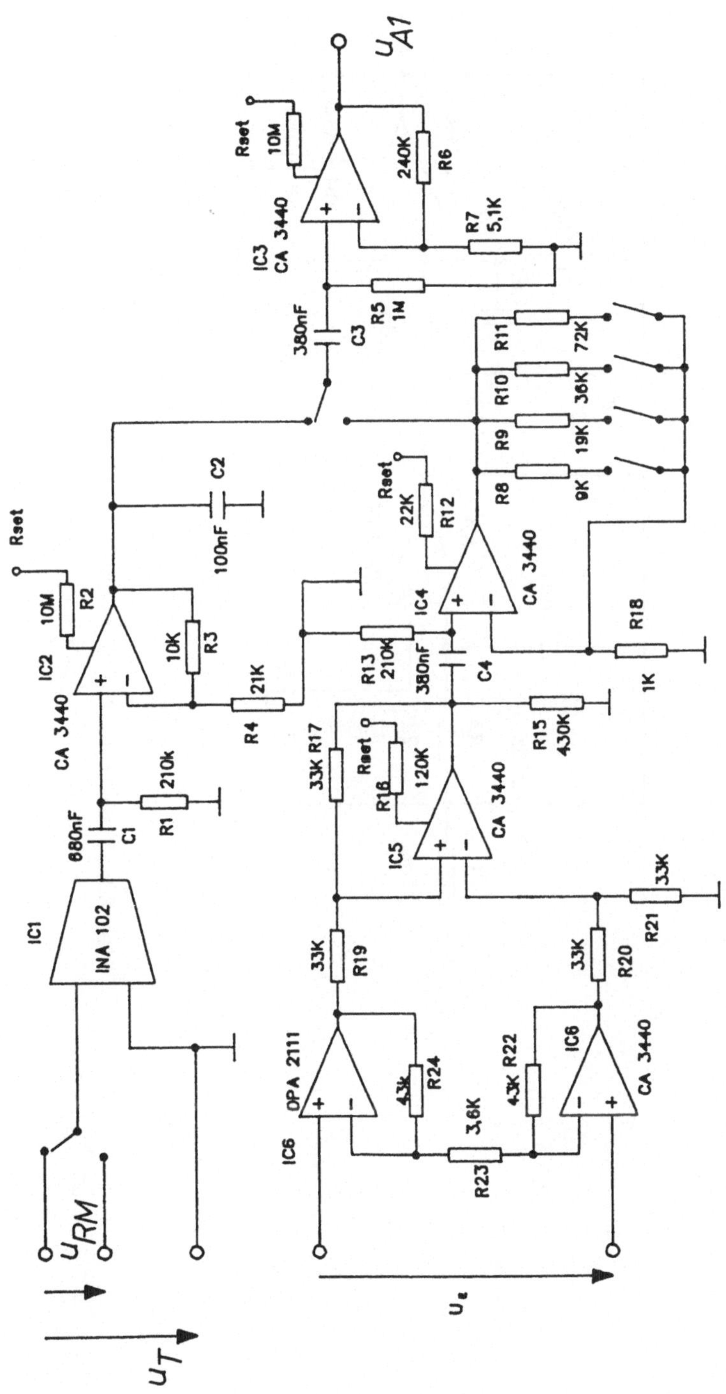

Bild B.1: Schaltbild der Vorverstärkereinheit

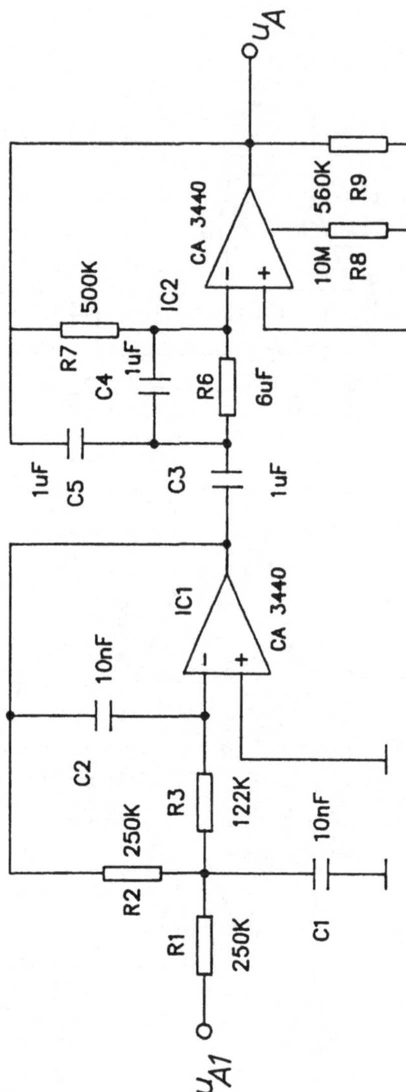

Bild B.2: Schaltbild des Bandpaßfilters

Anhang C

Beschreibung des Mikrocomputers

C.1 Adressierung des Speichers

Der Speicherbereich des Mikrocomputers ist in 16kB ROM und 8kB RAM aufgeteilt (Bild C.1). Die verwendeten Speicherbausteine, CMOS-EPROMs sowie auch statische CMOS-RAMS sind als 8K x 8bit Speicher organisiert. Der Adreßraum des EPROMs liegt im Bereich 0000H bis 3FFFH. Oberhalb liegt der Adreßraum der RAMs beginnend mit Adresse 4000H bis Adresse 5FFFH. Die unterste Adresse des EPROMs liegt auf 0000H. Der Mikroprozessor durchläuft nach dem "Reset" einen Initialisierungszyklus und greift mit einem Fetchzyklus auf die Adresse 0000H zu. Adressiert werden die Speicherbausteine durch IC2, IC3 und IC4. IC2 ist ein 8bit I/O-Port, das als Zwischenspeicher für die Adresse verwendet wird, IC3 ist ein 3 zu 8bit Decoder und IC4 ist ein NAND-Gatter.

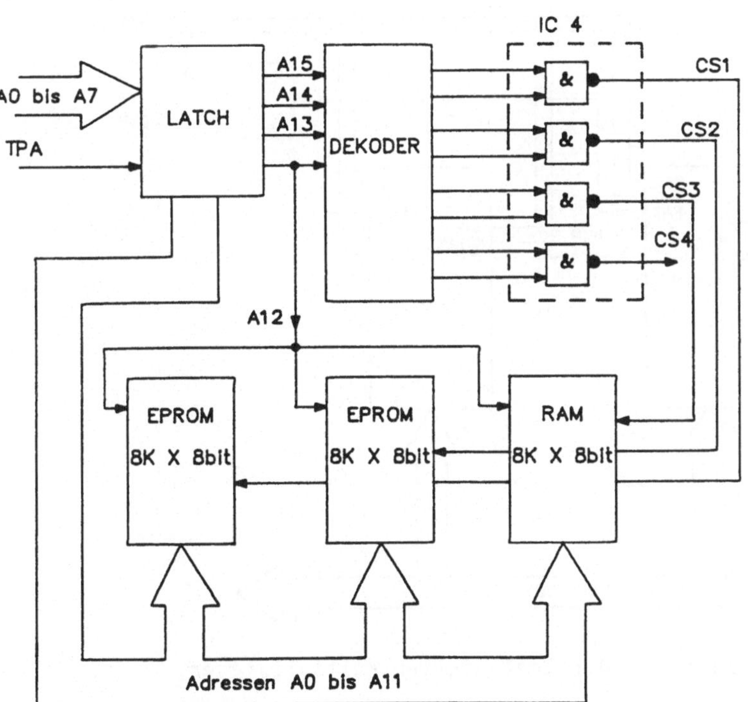

Bild C.1: Blockschaltbild der Speicheradressierung

Der μP 1802 gibt als erstes die oberen Adreßdaten im Zeitmultiplexbetrieb auf den Adreßbus des Systems. Dies wird bei der Adreßkodierung, wie im folgenden beschrieben, genutzt:

Die oberen Adressen (MA8 bis MA15) werden mit steigender Flanke des μP-Signals TPA an den Eingängen des Adreßzwischenspeichers IC2 übernommen. An den Ausgangsleitungen von IC2 liegen die oberen 8 Adreßbits MA8 bis MA15 dann über die gesamte Dauer der Adreßausgabe an. Mit der fallenden Flanke von TPA liegen die Adreßbits MA0 bis MA7 auf dem Adreßbus. Die Adreßbits A8, A9, A10, A11 und A12 sind direkt mit den Adreßleitungen der Speicherbausteine verbunden. Die Adreßausgänge A12 bis A15 werden von IC2 dekodiert und mit einem NAND-Gatter zu den benötigten Chip-Select-Signalen CS1 bis CS4 generiert.

C.2 Der Multiplizier- und Dividierbaustein

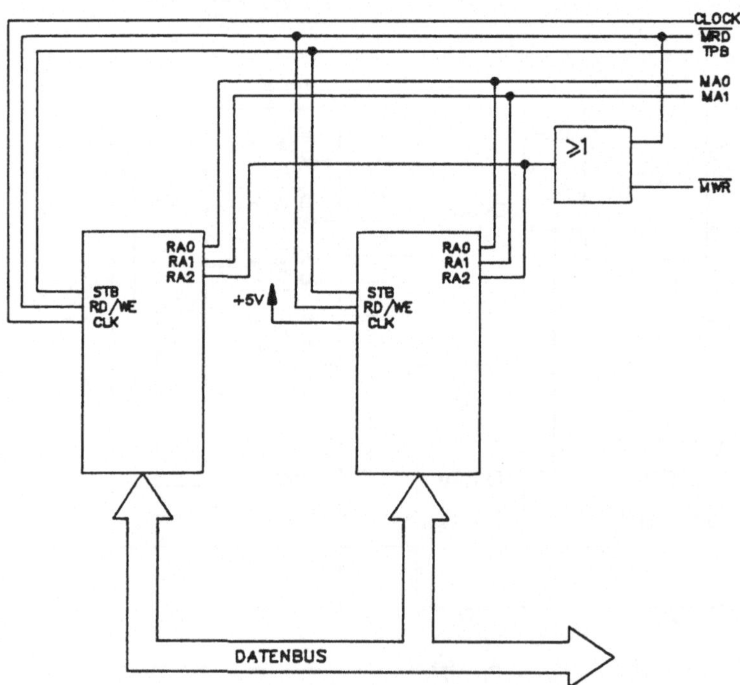

Bild C.2: Schaltbild der kaskadierten Multiplizierer.

Der CDP 1855 ist ein CMOS Hardware Multiplizierer/Dividierer, der buskompatibel zu vielen Mikroprozessoren ist. Zur Durchführung von 16Bit--Operationen sind 2 Bausteine kaskadiert worden (Bild C.2). Hierdurch wird ebenfalls die Division von 32bit-Zahlen durch 16bit-Zahlen ermöglicht. Die beiden kaskadierten Multiplizierer/Dividierer werden über Speicheradressleitungen angesprochen. Das CE-Signal (Chip Enable) wird durch die "low"-aktiven Mikroprozessorsignale MRD und MWR erzeugt. Das negierte Ausgangssignal OUT7 des Dekoders IC3 und das zwischengespeicherte Adreßbit 11 sind über ein NAND-Gatter (IC4) verknüpft und erzeugen das MDU-Signal RA2. Neben dem Eingangssignal RA2 werden die Signale RA1 und RA0 über den Adreßbus aktiviert. Alle drei Signale bilden das Steuerwort, das die internen MDU-Register der kaskadierten Multiplizierer/Dividierer adressiert.

MDU-Adressierung:
- Adresse 6000H: X-Register
- Adresse 6001H: Z-Register
- Adresse 6002H: Y-Register
- Adresse 6003H: Kontroll-Register

C.3 Adressierung des parallelen Ein- und Ausgabebausteins

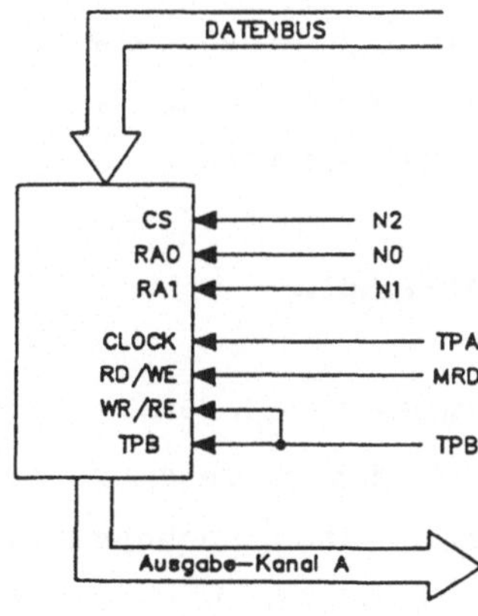

Bild C.3 Adressierung des programmierbaren Ausgabebausteins CDP 1851

Der CDP1851 (PIO) ist ein programmierbarer I/O-Baustein. Bild C.3 zeigt die Adressierung mit den μP-Ausgängen N0, N1 und N2. Mit Hilfe des programmierbaren Ausgabekanals (Port A) werden Steuersignale zur Kanalauswahl und Verstärkereinstellung auf die Analogplatine übertragen. Die μP-Ausgänge werden ebenfalls bei der Adressierung des Diplay und des AD-Wandlers benutzt. Bei der Belastung der Ausgänge des CDP 1851 sollte der Ausgangsstrom nicht größer als 1mA werden. Tabelle C.1 zeigt die Belegung der Adreßleitungen N0, N1 und N2. Die N-Leitungen des μP 1802 werden mit den Befehlen OUTx und INPx adressiert. Die beiden μP-Befehle lesen Daten vom Stack bzw. schreiben Daten in den Stack.

Befehl	Wert	Baugruppe	Funktion
OUT	01H	LCD-Anzeige	Daten ausgeben
OUT	02H	A/D-Wandler	Start einer Wandlung
INP	02H	A/D-Wandler	Einlesen des MSB
OUT	03H	LCD-Anzeige	Steuerwort ausgeben
INP	04H	A/D-Wandler	Einlesen LSB
OUT	05H	PIO	Steuerwort ausgeben
OUT	06H	PIO	Daten Ausgeben

Tabelle C.1: Ein- Ausgabeadressen der Peripheriebaugruppen

C.4 Die LCD-Anzeige

Die verwendete LCD-Anzeige von Hitachi stellt 40 Zeichen in zwei Zeilen dar. Zur Ansteuerung des Displays werden neben den Datenbusleitungen des μP-Systems die Signale RS, R/W und E benötigt. Diese Signale werden durch eine entsprechende Schaltung generiert. Die Schaltung besteht aus IC15, IC16 und IC18.

C.5 Die Adressierung des AD-Wandlers

Der AD 5782 ist ein in CMOS-Technologie hergestellter 12-Bit-A/D--Umsetzer nach dem Verfahren der sukzessiven Approximation. Er besitzt Puffer, deren Ausgänge in einen hochohmigen Zustand geschaltet werden können und den direkten Anschluß an das Bussystem eines 8-Bit Mikroprozessors erlauben. Der A/D-Wandler arbeitet bei bipolarem Eingangsspannungsbereich von -5V bis +5V. Die Auflösung beträgt somit 2,44mV. Durch die integrierte Abtast-Halte-Schaltung AD 582

(IC13) ist gewährleistet, daß die zu wandelnde Spannung während der Umsetzung konstant bleibt.

Adressiert wird der A/D-Wandler über die μP-E/A-Ausgänge N0, N1 und N2. Der A/D-Wandler benötigt die Signale CS (Chip Select) und BYSL (Byte Select), die aus den E/A Leitungen des μP generiert werden. Da die E/A Leitungen auch zur Selektierung anderer Baugruppen der Schaltung dienen, wurde aus den Bausteinen IC 11, IC 14 und IC19 ein Dekoder aufgebaut.

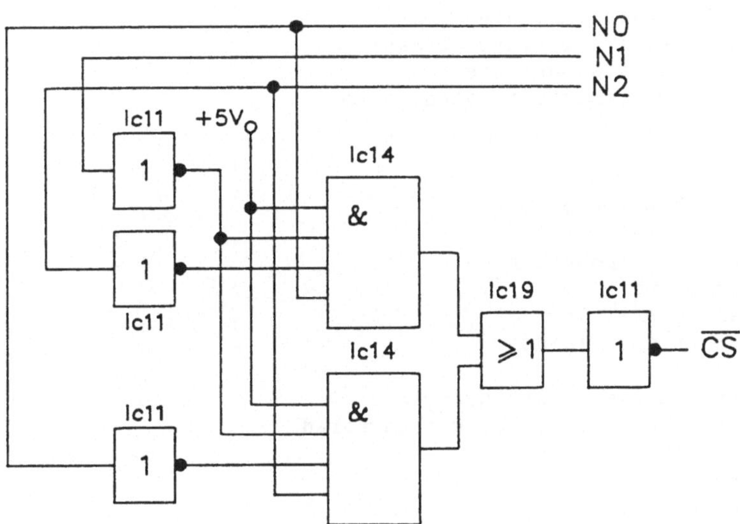

Bild C.4: Dekoder zur Generierung des CS-Signals für den A/D--Wandler

Anhang D

Im Text verwendete Formelzeichen:

a, Φ	Winkel
ϑ	Temperatur
θ, θ_M	Schätzwert, Meßwert
χ	Spez. Leitfähigkeit
ρ	Spez. Widerstand
ψ	Magnet. Verkettungsfluß, Matrix der Meßwerte
ψ_{Str}	Magnet. Streufluß
W	Kreisfrequenz
τ	Zeitkonstante
τ_L	Dämpfungszeitkonstante der Spule
μ	Permeabilitätskonstante
μ_r	Relative Permeabilitätskonstante
ε	Dielektrizitätskonstante
ε_r	Relative Dielektrizitätskonstante
δ	Dirac-Funktion
a, b	Parameter
A	Fläche, Amplitude, Matrix
A_D	Differenzfläche
B	Magnetische Induktion
B_L	Luftspaltinduktion
C	(Kanal-)Kapazität
C_F	Kapazität des Fluids
d	Durchmesser
D	Elektrische Verschiebungsdichte
E	Elektrische Feldstärke, Wirkungsgrad
E_1, E_2	Elektroden
f	Frequenz
f_g	Grenzfrequenz
F	Fehler, Funktion
g	Gewichtsfunktion
G	Greensche Funktion
H	Magnetische Feldstärke
I, i	Strom
I_s, i_s	Spulenstrom
K	Konstante
L	Induktivität
L_S	Induktivität der Spule des Meßaufnehmers
n	Rauschfunktion
N	Windungszahl
P	Leistung
P_H	Hysteresisverlustleistung
P_u	Nutzsignalleistung
P_n	Störsignalleistung
Q	Spulengüte
R	Risikofunktion, Widerstand

r	Radius
R	Widerstand
R_S	Spulenwiderstand
R_D	Durchtrittswiderstand
R_M, R_V	Eingangswiderstand des Meßverstärkers
R_F	Widerstand des Fluids
S	Empfindlichkeit
T, t	Zeit
T_A	Zeit zwischen zwei Abtastwerten
u, U	Spannung
u_{RM}	Spannung am Meßwiderstand im Schwingkreis
U_C, u_C	Kapazitive Störspannung
U_E, u_E	Elektrodenspannung
U_N, u_N	Nutzspannung
U_T, u_T	Transformatorische Störspannung
U_{TR}, u_{TR}	Referenz für die transformatorische Störspannung
V	Potential
v	Geschwindigkeit
W	Arbeit, Wertigkeitsfunktion
W_M	Gespeicherte magnetischte Energie

Stichwortverzeichnis

11. Band: **K.-F. Kraiss**

Fahrzeug- und Prozeßführung

Kognitives Verhalten des Menschen und Entscheidungshilfen

1985. VI, 138 S. Brosch. DM 42,-
ISBN 3-540-15414-0

12. Band: **E. Schollmeyer, E. A. Hemmer** (Hrsg.)

Sensoren in der textilen Meßtechnik

1985. X, 425 S. 166 Abb. Brosch. DM 78,-
ISBN 3-540-15494-9

13. Band: **H.-W. Bodmann** (Hrsg.)

Aspekte der Informationsverarbeitung

Funktion des Sehsystems und technische Bilddarbietung

1985. IX, 337 S. Brosch. DM 84,-
ISBN 3-540-15725-5

14. Band: **M. Thoma, G. Schmidt** (Hrsg.)

Fortschritte in der Meß- und Automatisierungstechnik durch Informationstechnik

INTERKAMA-Kongreß 1986

1986. XIII, 854 S. Brosch. DM 98,-
ISBN 3-540-17033-2

15. Band: **R. Dillmann**

Lernende Roboter

Aspekte maschinellen Lernens

1988. VI, 145 S. 45 Abb. Brosch. DM 38,-
ISBN 3-540-19079-1

16. Band: **E. Schollmeyer, D. Knittel, E. A. Hemmer** (Hrsg.)

Betriebsmeßtechnik in der Textilerzeugung und -veredlung

1988. XI, 438 S. 259 Abb. Brosch. DM 78,-
ISBN 3-540-18917-3

17. Band: **K. H. Kraft**

Fahrdynamik und Automatisierung von spurgebundenen Transportsystemen

1988. X, 187 S. Brosch. DM 54,- ISBN 3-540-18816-9

18. Band: **S. Engell**

Optimale lineare Regelung

Grenzen der erreichbaren Regelgüte in linearen zeitinvarianten Regelkreisen

1988. XIII, 307 S. 53 Abb. Brosch. DM 74,-
ISBN 3-540-19120-8

19. Band: **R. Kofahl**

Robuste Parameteradaptive Regelungen

1988. XIV, 340 S. Brosch. DM 78,-
ISBN 3-540-19463-0

20. Band: **H.-J. Wünsche**

Bewegungssteuerung durch Rechnersehen

Ein Verfahren zur Erfassung und Steuerung räumlicher Bewegungsvorgänge in Echtzeit

1988. XIV, 201 S. 47 Abb. Brosch. DM 58,-
ISBN 3-540-50140-1

21. Band: **J. Rogos** (Hrsg.)

Intelligente Sensorsysteme in der Fertigungstechnik

1989. VI, 288 S. 227 Abb. Brosch. DM 78,-
ISBN 3-540-51488-0

Springer-Verlag Berlin Heidelberg
New York London Paris
Tokyo Hong Kong Barcelona